U0839687

美女
私房菜
沈星 著
美容
减肥季
凤凰出版传媒集团
江苏文艺出版社
JIANGSU LITERATURE AND ART
PUBLISHING HOUSE

美女私房菜

前言

PREFACE

其实我真的会做菜

沈星

我刚来凤凰没多久，同事们一起吃饭，在公司附近的“王家沙”。菜还没上，老板突然想起来，问我：“沈星，你真的会做菜么？”

我很严肃地说：“我当然是会做菜的，老板。”

“是从小就会么，还是后来练的？”老板又问。

我从头开始讲：“在高中的时候，有一天，我想去打暑期工，我爸说……”

菜陆陆续续地上，我继续讲，“……所以，后来啊，我就会做饭了。”

“那这些菜还有那些菜，你都会么？”有同事指着桌上的菜不依不饶地问。

“好啦，”老板宽容地笑着说，“她肯定会啦，下次有机会做一桌给大家证明一下，快吃快吃……”

我只好快吃，此刻，我也不能证明自己，来个口述私房菜，把桌上菜式的做法都讲一遍。

其实，对于老板来说，会做节目就好啦，公司又没有打算聘我当食堂大厨，菜做得是不是对每个人的胃口有什么关系？

可是就是直至昨天哦，居然还有人会一路不停问：“你到底会不会，做菜？”

终于，轮到我忍不住跳起来回答：“老娘，不，是敝人，当然会，一直都会，不会哪来这节目？”

各位，五年了，还问会不会，笨，就算以前不会，现在也会啦。

又问：“是不是别人帮你做好……”

“没有别人，别人就是在下自己，要是别人会做还要我干吗？”

“也是喔，你别生气，问问而已。”

我才不气，自己又坐回原处。

“哎，那个故事，就是为什么会做饭那个啊，讲来听听嘛。”

“有什么好讲，讲过很多遍啦，讲小时候的事多没劲。”

“讲那么多遍也不在意多讲一次。”

“那好吧，不许听一半走开。”

美女私房菜

目录

CONTENTS

越吃越漂亮的菜

吃不胖的菜

快乐食材

越吃越漂亮的菜

美丽源自均衡的营养，丢掉华而不实的化妆道具，放弃昂贵无效的保健产品，采用家常简便烹煮要诀。吃得好、吃得巧，闪耀出由内调理、自然散发的健康美!

这里介绍的菜就会让你越吃越漂亮!

家常而又有气质的
麻辣大豆芽

通常说，要考究出一个厨师的功力，就让他做最家常的菜，因为愈是家常的菜愈是好滋味，同时你又真的很难辨别，他跟别人做的菜有什么不一样呢？为什么会显得这么独特呢？“麻辣大豆芽”就是这样一道非常非常朴实的菜。

“麻辣大豆芽”是一道香味浓郁、麻辣可口的开胃小菜，看起来就很有食欲，尝过之后，麻辣鲜香的滋味更是令人回味无穷，鲜嫩多汁的大豆芽搭配着炸酥的腐皮。每一口都包含着丰富的口感和层次，这么经典的菜式，绝对不要错过哦。

⊙ **所需食材：**

大豆芽、腐皮衣、胡萝卜、红辣椒、大蒜、葱、冰糖

首先把胡萝卜切成跟黄豆芽一样的丝。

所有的食材在一起煮的时候，它们的形态最好是相似的，这样煮出来就会很漂亮。这里胡萝卜不用去皮，因为营养学家告诉我们说，胡萝卜里面最有营养的部分，就是在靠近皮很近的地方，如果我们刮皮，就很容易把很有营养的那层给刮掉。所以最好是把胡萝卜洗得很干净，然后连它的表皮一起切、一起吃，这样是最有营养的。

材料切好之后就可以开始烹制了。

在锅里放一点油，把腐竹炸脆。当腐竹的颜色炸到有一点点深黄色，就可以捞起来了。腐竹炸完之后非常非常的香，而且吃到嘴里脆脆的，跟黄豆芽那种很有咬头的感觉完全不一样，里面加上了口感，而且还有豆腐香。炸好的腐竹夹出来，放

黄豆芽

黄豆芽这种菜跟绿豆芽不一样，绿豆芽要清一点，然后爽口一点，加一点点醋就非常棒了。可是黄豆芽是跟酱油配的，同时它的感觉要稍微重一些，有一点点酱油，有一点点辣，就会很好吃。

黄豆芽虽然只是很普通、很便宜、很市井、很家常的一种食材，但是实际上它对于人类的身体，真的是有很好很好的健康的疗效。

首先，它能够使你的皮肤很有弹性；第二，最关键的是它能够使你的头发乌黑、亮泽、不易脱落，并且它能够使你脸上的雀斑渐渐地淡化。

胡萝卜

胡萝卜不宜生食，不宜过量。

现在很多的饮料店、生果店，都会把胡萝卜榨成汁。好像广东那边叫干笋汁，然后就拿来这样喝。这里你要注意了，如果你一次摄入超过70克的胡萝卜素，你的皮肤就会变成胡萝卜这样的颜色。所以摄入胡萝卜也要有一个限度，虽然它很有营养。

胡萝卜与酒同服，会使人中毒。

现在大家应酬多了，常常会喝酒，但是如果喝酒的时候，千万不能够喝胡萝卜汁或者吃胡萝卜。因为胡萝卜素如果跟酒精一起进入体内，就会在肝脏代谢的时候，产生一种毒素，你就会得肝病，所以胡萝卜不可以跟酒一起喝。

在滤油网上。

胡萝卜是很吸油的一种食材，所以在炒的时候，如果说你想炒得很香的话，建议大家稍稍多给一点点油，OK，大概炒一下之后，可以把它盛起来了。

在锅里再放一勺油，大蒜头放进去爆香了。整颗的大蒜头就好，因为整颗大蒜头最后烧得黄黄的，很漂亮。把大蒜头炸得有一点点的金黄色，闻到了很香很香的蒜头味，我们就可以把黄豆芽放进去了。

接下来加入一大勺鸡粉，这样感觉就是上汤的味道。放完鸡粉之后，再放一点点的酱油，让它的颜色变得深一点点。注意鸡粉是有咸味的，所以不可以放太多酱油了。

然后再放两颗冰糖、一点点的料酒，给点机会让它煮的时间稍微久一点，煮得它蔫蔫的、细细的，很入味。看到汤汁有一点点烧干的迹象，但是并没有完全烧干的时候，我们就可以把腐皮和辣椒放进去。

然后煮至汤汁完全收干，加大量的花椒粉（大量是依个人口味，我就喜欢是大量）。黄豆芽可以口味重一些，会很下饭。我准备一个美丽的白盘子，把很香很香的胡萝卜丝垫在下面，OK，这就是美丽的黄豆芽炒腐竹，麻辣口味。

黄豆芽其实真的是很鲜美的一种食物，如果说你今天要吃斋了，做一个素的汤。那么就拿黄豆芽放到锅里面，煮煮煮煮，就像煮那种鸡腿菇一样，它能煮出一锅很清、很鲜美的汤底。据说在寺庙里面，那种做斋菜的时候，都会拿黄豆芽来吊鲜味。

你在厨房里做这道菜的时候，你旁边的邻居通通都会把头伸出来，因为实在是太香了。每个人都在说，哎，他们家做什么，怎么这么好吃?

美味又开胃的
玫瑰醋腌樱桃萝卜

你是一个追求生活品质的人吗？也就是说你吃饭不仅仅是为了填饱肚子，平时除了吃饱之外，还想要吃好，吃得精致，吃得健康，吃出好胃口，吃出好心情。针对生活品质，这里有一道非常好吃，同时又精致的菜式。

这道菜既美味又开胃，在天气炎热、胃口不太好的时候可以试试做这样一道菜——清新爽口的“玫瑰醋腌樱桃萝卜”，樱桃萝卜口感爽脆，玫瑰醋汁酸酸甜甜，略带花香，在炎热的夏天品尝这样一碟小菜绝对能令你食欲大振。

⊙ **所需食材：**

樱桃萝卜、红酒醋

红酒醋

红酒醋其实是我们常见的一种保健饮料，酸酸的，但是也有红酒的成分在里面，还有玫瑰的芳香。

樱桃萝卜

樱桃萝卜是一个萝卜的品种，它长得个头小小的、圆圆的，看上去有那么一点点像樱桃，皮也是粉红色的，里面当然也是普通萝卜的白色，可以拿来当水果吃，感觉像水果多过像蔬菜。

这道菜做起来非常简单，首先把樱桃萝卜对半劈开，然后再撒一点玫瑰花在上面，倒上红酒醋，加上一点点的糖。接下来我们要等待的就是时间，在冰箱里面放上24个小时，让红酒醋都浸透到樱桃萝卜里面，这就是非常非常爽口好吃的一道小菜。

你可以把它放到一个美丽的白盘子里面。是不是一道很浪漫的凉菜？淋上非常之珍贵的，充满了玫瑰芬芳的红酒醋，哇噻，真的是好美妙，这是一碗香气宜人，同时非常非常浪漫，当然也很可口的饭前凉菜，叫红酒玫瑰醋樱桃萝卜。

玫瑰醋腌樱桃萝卜为你补充丰富的维生素C和水分，除了能消食理气外，还有润肤养颜的功效，在炎热夏天绝对能满足你挑剔的胃。

很春天的
猕猴桃明虾沙拉

猕猴桃又叫奇异果，因其外形酷似新西兰国鸟KIVI，而得名Kivifruit，翻译成中文就是奇异果。目前市场上出售的有三种国产猕猴桃，毛要多一些，形状和大小不如奇异果规则，果肉的颜色居于下述两种奇异果之间，味道酸甜。

绿奇异果形状规则，果肉呈鲜艳的绿色，味道酸甜。金奇异果，已经进化到脱毛状态，上面的花冠呈皇冠状，果肉金黄，甘甜鲜美。

⊙ **所需食材：**

猕猴桃、猕猴桃汁、大明虾、牛油

做法 RECIPE

弥猴桃削完皮之后，把它切成薄片。接下来把大明虾在水里汆熟，这里有一个小窍门，就是准备一碗冰水，明虾汆熟之后，一定要放在冰水里面，这样子才会让虾肉紧致，变得很好吃。

猕猴桃

猕猴桃被誉为是水果之王，其实最早是在我们中国河南的密县就发现有猕猴桃，而且品种很优良。可是现在我觉得最好的猕猴桃呢，还是来自于新西兰，个头大而甜，而且吃起来又没有渣子。

据说是因为猕猴很喜欢吃这种水果，所以才叫猕猴桃。还有一种说法就是因为它长得毛茸茸的，看上去有点儿像猕猴，所以才叫猕猴桃。其实它为什么叫这个名字一点也不重要，最关键的是它非常的营养和健康。首先它含有很丰富的果胶，果胶能够清洁我们的血管，同时，把多余的脂肪、血管壁上面不清洁的东西帮助软化，代谢掉。

另外猕猴桃当中还含有一种很特别的物质叫血清促进素，它能够帮助人的情绪变得更加的平稳，而且它被誉为是帮助你走出低谷的食物，让你快乐起来。怪不得猕猴那么快乐呢，整天看上去没有烦恼，可能就是因为它们常常吃猕猴桃的原因吧。

虾

说到这个虾，我们平时常常吃的，但是你知道它真正的好处吗？营养啊、健康啊、有蛋白质啊，除此之外你知道吗，它里面所含的虾青素能够治疗“时差症”，今时今日，人们工作的压力非常大，很忙碌。会从地球的这一端飞到那一端，然后会产生一系列的焦灼、失眠，或者对于环境的那种迟钝的反应，通通都称之为“时差症”，倒不过来时差了。

这个时候如果有针对性地摄入一些虾仔，比方说虾肉啊、虾皮啊，它里面所含的虾青素就能够帮助治疗这种“时差症”。而且虾里面含量最丰富的矿物质是镁，镁对于心脏的保护是很有帮助的。所以呢，想保护心脏的话，多吃一些虾，也是很健康的。

汆明虾的水里面放入一点点的盐，这样子虾就会有一点点的咸味来诱出它的甜。这边水烧开了，那我们很快地就把去掉头和壳的明虾放到水里去汆一下。为什么要选择明虾？首先就是因为它非常的漂亮，有一些虾可能会好吃，但是去完皮之后，未必虾肉会呈现美丽的红色。但是我们今天选择的这个明虾就会是红颜色。

趁着明虾在游泳池里面泡冷水浴、芬兰浴的时候，我们在这边把猕猴桃汁和牛油混在一起做一个非常好吃的芡汁。

首先我们需要融化一些牛油，加一点点的盐。牛油本身也是咸的，所以不用加太多的盐。

然后准备一个漂亮的大白盘子，把猕猴桃铺在上面，在溶化的牛油里面加入猕猴桃汁，现榨的哦。你可以试一下味道，有点酸。也可以加一点点糖的 ，让它酸酸咸咸还有点甜味。

这个时候的明虾已经冰凉透顶了，我们可以把它拿出来。轻轻切成段，放在上面。

然后我们把非常之香甜的牛油猕猴桃汁淋在虾沙拉上，主要淋在虾的部分就好了。猕猴桃那边呢，让它自己散发出天然的果香，就可以有相得益彰的感觉喽。然后在虾的这部分撒上一些黑胡椒碎，这样一道明虾猕猴桃沙拉就完成了。

首先明虾汆水后要立即放入冰水中冰冻，这样才能保证虾肉质地细嫩、鲜美多汁。

其次在虾肉上面淋上用牛油和现榨猕猴桃汁熬煮的美味浆汁，立刻变得酸酸甜甜，异常美味了。

口感奇妙的
瓜子胡萝卜

瓜子胡萝卜制作起来非常简单，是专门为懒人设计的，但是又很好吃。

你也可以拿松子代替瓜子，但是我个人认为，松子会比较油一点，可能有一些女孩子比较排斥，所以我选择的是瓜子，还有一些橄榄油和胡萝卜，非常简单的一道菜。

⊙ **所需食材：**

瓜子、胡萝卜、橄榄油

首先我们要把胡萝卜切成条，再切成丝。

接着我们要准备一个炒锅，在锅里面放一点点橄榄油。

油烧热了之后，把美丽的胡萝卜丝倒进去，还需要一点点的盐，在锅里面慢炒一下，好香。

接下来我们把瓜子仁倒进去，就会非常香，而且有一点点脆的感觉，是一点点非常奇妙的口感，真的很特别，大家可以试一下。炒好的瓜子胡萝卜把它放到盘子里边，够简单吧，要是还有人说难的话呢，我就跟他急。

因为瓜子本身也会有很多的油散发出来，所以这种味道很香很香的，而且如果用松子的话，就会更香。好，真的是非常非常香，最关键的一点在哪里呢？它可以润肤明目，使皮肤白皙有弹性。

鲜美无比的
瑶柱蒸冬瓜

“瑶柱蒸冬瓜”，看上去很清淡，同时也很有滋补效果。鲜美无比的“瑶柱蒸冬瓜”，经过蒸制，瑶柱浓郁的鲜味完全地融入到冬瓜中，吃起来的口感呢，瑶柱一丝一丝，富有嚼劲，冬瓜入口即化，真是人间美味。

⊙ **所需食材：**

冬瓜、瑶柱、葱、姜

冬瓜

冬瓜不但非常的好吃、清淡，而且有非常好的去水肿的效果。它还可以使皮肤变得光洁、白皙。把冬瓜里面的这个白色的部分，跟冬瓜瓤的部分取出来之后，煮水洗澡，就可以使你的皮肤变得非常的白，而且很润泽。

做法 RECIPE

首先把冬瓜处理一下。把冬瓜的外皮去掉之后，切成自己想要的形状，方形、圆形都可以。大小为上面可以放上一个干贝正合适。

然后把瑶柱的地方给它腾出来，我们挖一个小洞洞，因为冬瓜本身是没有什么滋味的，所以它可以吸纳很多很多的鲜味，同时把它变成自己的味道。

把冬瓜挖上一个小洞洞之后放上一颗瑶柱，然后放到盘子里面把它蒸15~20分钟，蒸到瑶柱的味道完全渗透到冬瓜里面的时候，连冬瓜加瑶柱一起吃，又滋补又

葱油：用冷油，稍微煮得有一点点热的时候，把葱放进去，然后熬到葱本身的滋味已经完全溶解在油里的时候，那就是葱油。葱油平时拌面很好吃，淋在一些刚刚煮好的菜上面也会增添香味，这是很好的一个秘诀。

好吃，同时还是一种很独特的味道组合。

在蒸冬瓜瑶柱的同时可以熬葱油。

熬葱油记得一定要小火，否则葱的味道出不来。

用小小的火一直炸到葱枯枯的、干干了，就把葱捞起来，葱的味道就全部留在油里面了。大概熬了十分钟左右之后呢，我们就可以把葱捞出来了，油的味道真的是好香喔。

接下来要勾一个薄薄的芡。

将蒸好的冬瓜瑶柱取出，为了让这道菜更漂亮，我们可以做一个小小的装饰，用一些香菜的叶子，轻轻地盖在上面。

因为瑶柱本身就会有一点点的咸味，所以不需要加任何调味品，只在这个薄薄的芡里面加上一些盐就足够了。

最后加上滚烫的葱油。每一片瑶柱冬瓜上面都要淋上一点点的葱油，就会觉得滋味无穷。好漂亮！

首先将冬瓜切成方块，中间挖一个洞，放上泡发的干贝，蒸15到20分钟。接着再用水淀粉勾一个薄芡，加入少量的盐，浇在蒸好的瑶柱冬瓜上面，最后再淋上一些葱油，鲜美诱人的“瑶柱蒸冬瓜”就完成了。

美味又好看的 海带鲑鱼卷

“红豆生南国，春来发几枝，愿君多采撷，此物最相思。”

很多人吃了煎炸类的东西，脸上就会长出“红豆”，这是让很多女孩子感到烦恼的事情。不要着急，有一道菜就有排毒养颜祛痘的功效，这道菜的名字叫做“海带鲑鱼卷”。

大家可以试着在长出“红豆”以后做一下这道菜看看，第二天你会发现，红豆是不是真的神奇地消失得无影无踪了呢。不过要注意，这里的红豆指的是比较硬的痘痘。

鲑鱼

鲑鱼，这个名字听上去学究味很浓，其实通常我们叫它三文鱼。

以前在看那种翻译小说的时候，经常会看到说，天空当中露出了鲑鱼般的粉红色，我当时心里就非常之神往，想什么鱼居然是粉红色的，真的太浪漫了一点。后来吃完了鲑鱼就是粉红色，鲑鱼还有一个名字叫大马哈鱼。

海带

海带又叫昆布，其实我真的搞不太清楚海带和昆布的区别，因为很多的食材书上，有时候会提到海带，有时候提到昆布，有时候又说它们是同一个东西，有时候又说它们

俩其实还是有所区别的，所以我都被搞晕了，这里我也向各位渊博的朋友咨询一下，如果你知道海带和昆布的具体的区别，请登录我的博客网站（www.phoenixtv.com.cn），我们可以在网上互相切磋交流技艺。

这个海带的优点是什么呢？它富含维生素，同时也含有碘，但最关键的一点，它能够调节皮肤的油脂分泌，也就是说很多时候，长痘痘都是因为皮肤的油脂分泌太旺盛了，其实多吃一点海带就可以保持皮肤比较清洁。

还有很多女孩子T字部位很容易出油长痘痘，其实也应该多吃一些海带汤和凉拌海带丝。

首先，我们要煮一点汤，这个汤底就是川芎。把海带和当归、川芎放在一起，大火煮开之后，再转小火，这样一个汤汁就会散发出比较浓郁的中药味。

接着把四季豆处理一下。四季豆切成丝，然后将切好的四季豆丝放到开水里面

⊙ **所需食材：**

海带、鲑鱼、四季豆、当归、川芎

氽一下。这样它会变得比较绿，比较好看，还能够去除掉到里面的一些食物碱。

四季豆氽熟之后过水，放在盘里备用。

接下来处理今天的最佳男主角和女主角——鲑鱼和海带。

先把鲑鱼切成条。鲑鱼不管是生吃还是熟吃，都会非常味美，今天我们会把它做熟，那就是煎一煎，出来很多的油，白色的部分就是它的脂肪，那平时你去吃这种生鱼片的时候，别人就会问你说，你需要肥一点还是瘦一点？意思是如果你要吃肥一点的话，那白色的部分会比较多，瘦一点，这个白色部分就会比较少，橙色的部分比较多。

接下来我们把海带切成一条一条的。然后用海带将鲑鱼卷起来。好，卷好之后，把蒸锅备上，把海带鲑鱼卷放在蒸锅里。这边我们的汤已经煮得七七八八了，很浓，煮出了非常浓郁的汁，没错，我们就是要这个汁。

把汁倒上去之后，把锅盖盖上，蒸5分钟。

这边蒸着海带鲑鱼卷，那边我们在锅里面放上一点点的油，然后把四季豆大概炒一下，炒的时候可以放一点点的盐，提前放在锅里也可以。

因为我们的四季豆已经用水氽过了，所以也不需要炒得太久，只要熟就可以了。

炒好后盛出放到一边备用。

5分钟之后看一下蒸锅，在每一个鲑鱼卷的旁边，都云雾缭绕般地散发出了一些白颜色，这就是鲑鱼里面非常珍贵的脂肪，就是我刚才说过的，我们在吃生鱼片的时候，那一道道美丽的白色花纹。脂肪不是一般的脂肪，它叫不饱和脂肪酸，能够很好地预防心脑血管的疾病，防止动脉粥样硬化。

如果你不蒸的话，就是煎也不用给油，因为煎到一定的程度，这些美丽的白色花纹当中的脂肪会变成油溶化出来。

鲑鱼一定不可以做得太熟，太熟了就不好吃了，所以我们大概是蒸到一个八成熟的时候，就可以拿出来了，把我们之前美丽的四季豆作为一个小小的装饰，这样这道菜就会又美味又好看。

好香啊，这个时候，美丽的四季豆搭配了一下我们的鲑鱼卷变得很有颜色，而且这种刚刚蒸出来的很浓的带有药味的汁，再重新蒸了一下之后，那种药味减少了一些，可能是吸收到鲑鱼加上了一些海带的味道，整个的气味就非常之特别，而且是那种很诱人的食物的味道。

好了，我们今天的海带鲑鱼卷大功告成。

记得它的药效吗？它是可以帮助脸上长痘痘的朋友消除痘痘。而且它针对的是那种有一点点硬邦邦的痘痘，而不是软软的那种，所以你要有针对性的给自己进行一些食物的治疗，你就会有光洁、白嫩的皮肤。

制作要点：

1.海带、当归、川芎放入水中火煮沸转为小火煮5分钟，滤取汤汁。

2.汤汁均匀淋在已用海带包好的鲑鱼条上，放入锅中蒸5分钟。

3.将切好的四季豆丝氽水后炒后与蒸好的鲑鱼卷搭配即可。

香香脆脆的
鲜菌扒鲑鱼

不知道大家有没有听说过一个词，这个词听起来似乎跟我们要做的菜没有什么直接的关系，它叫“面具脸”。

在我们的面部皮肤的下面，有非常丰富的表情肌系统，正是这些表情肌决定了我们脸上丰富的表情，比如说喜怒哀乐，只是一个微妙的小动作，就能够传情达意。可是这些表情肌也是人们烦恼的源泉，因为它们又短又薄，很容易就失去了弹性，这样附着在表情肌上的面部皮肤没有了依靠，很容易产生皱纹。

于是就有一些医生想出了一个办法，叫“拉皮”，他们会把皮肤和表情肌分隔开，然后去掉多余的部分，这样皮肤上的皱纹就没有了。可是表情肌跟皮肤错位之后也没有了相应的表情，也就是说，脸仿佛不再是自己的了。虽然没有皱纹，可是看不到任何的表情，这就叫“面具脸”。

这里讲的“面具脸”，和我们要做的这道菜有什么关系呢？今天我们要做的这道菜，叫做“鲜菌扒鲑鱼”。

鲑鱼里面含有非常丰富的一种物质，叫“透明质酸”。这个透明质酸是我们的皮肤在30岁之后，最容易流失的一种成分。透明质酸可以保持皮肤的年轻化，让它不产生皱纹。

据说有人做了一个试验，每天吃三勺鲑鱼，可以在三

个月之内让皮肤年轻十岁，我不晓得这是不是真的，或者说有没有这么神奇。但无论如何，鲑鱼当中所富含的透明质酸，真的能够让我们的皮肤变得有弹性，恢复光泽，同时看上去很年轻。

那么“面具脸”跟我们今天要做的这一道“鲜菌扒鲑鱼”，真的是有很密切的联系，对不对？

⊙ **所需食材：**

鲑鱼、蘑菇、蒜、洋葱、番茄、西葫芦

首先要把颜色漂亮、营养又丰富的鲑鱼切成两段，然后用一些黑胡椒、白葡萄酒、蒜蓉，还有一些橄榄油腌一下，再撒上一些盐，腌上15分钟就可以。

接下来我们把香菇处理一下。去掉蘑菇的柄，在锅里放入一些橄榄油，加上一点点的蒜末，然后把蘑菇放进去，用小火慢慢煎香它。

西葫芦切成条，同样也是小火，撒一点点盐，慢慢地用橄榄油煎香它就可以了。

接下来我们把洋葱和番茄也切成粒。西葫芦被橄榄油和蒜蓉煎完之后，我们在锅里面放一点点橄榄油，之后，把腌好的鲑鱼扒放到锅里用小火慢慢煎。这边呢，准备一个大大的圆盘子，把煎好的西葫芦夹出来，摆成漂亮的形状。

把煎好的三文鱼扒轻轻地、轻轻地盛起来。这样是不是就已经结束了呢？当然没有，我们还需要做一个“白酒洋葱番茄汁”。同样，里面放一些橄榄油，把洋葱和番茄倒进去，在里面加一点点的盐和一点白酒调味，把洋葱与番茄炒软就可以了，其实很简单，轻轻炒一下就已经闻到了香味。接下来我们把它盛到盘子里，就是看上去颜色很漂亮，同时也香香脆脆的鲑鱼扒。

洋葱

英国有一个小说家格林，写了一本小说叫《爱的结局》，小说当中的男女主角发生了一段不伦之恋——婚外情。这个男主角是个作家，当他爱上了女主角的时候，便邀请她共进晚餐，点的菜就是洋葱牛扒。可是女主角在点这道菜的时候，却呈现出一瞬间的迟疑，就是这几秒钟的迟疑，让男主角晓得女主角一定不会在最后时刻选择他，因为这个女孩子的老公是不爱吃洋葱的。于是呢，他知道其实她真正在意的并不是自己，果不其然，三年之后他们两个就分手了。预示这样一个结局的便是盘子里的那几颗洋葱。

听到这里可能大家会有点不以为然吧，只是洋葱而已，这样一些微小的细节怎么就可以预示爱情呢？与其说在三年前担惊受怕，还不如当时就好好地爱对方，说不定也会有一个美好的结局呢，对不对？

煎鲑鱼之前，用白酒、黑胡椒、葱、姜、蒜腌制，可以把鲑鱼的腥味祛掉。煎的时候因为鲑鱼本身会出很多的鱼油，所以之前只需要一点点的油，还要记得要用小火煎喔，这样才能更好地保持鲑鱼的新嫩。

鲑鱼里面含有透明质酸，能够帮助你告别“面具脸”。这道菜送给大家，希望每个人永远都有一颗年轻的心，当然能够拥有年轻的容颜，也是我们希望得到的。

有一点点禅意的“莲花化生”

莲花出淤泥而不染，代表着清凉、洁净。在这道菜中，莲花化生为清香的藕粉，围绕着洁白如玉的豆腐，再加入酥脆的花生碎，共同组成了这道极具禅意的莲花化生。

莲花化生其实就是藕粉糊配上花生豆腐，这里的藕粉可以选择来自西湖的藕粉，平时饿的时候冲一碗喝暖暖的、甜甜的，一点也不腻，而且还有非常丰富的氨基酸蛋白质和粗纤维，对身体很好，没有什么脂肪和糖类，是很健康的食物。

关于素食的食谱

关于素食的食谱《禅食慢味》，原来慢慢地去体会食物的本味，吃素然后用一些很朴素的方法去烹制食物，淡出最天然、最原始的味道，就是一种禅意。

《菩提心素食谱》，原来素菜有这么多的花样，同时也可以做出很好吃的味道，天天吃素都不觉得厌了，当然了，还有一本很特别的《豆腐之书》，这本书里面有两百多种关于豆腐的制作方法，如果说你就是每天只吃豆腐，也几乎可以一整年都不重样，好厉害。

其实这本《豆腐之书》，是在全世界最畅销的关于豆腐的一本烹饪秘籍，这本书也让很多的西方人对东方豆腐产生了浓厚的兴趣，这几本书都还蛮不错，很有新意，真的值得我们买回家去细细品读呢。

⊙ **所需食材：**

水豆腐、藕粉、花生

首先冲泡藕粉，一次性倒入90度左右的开水，耐心地搅拌，藕粉要充分地搅拌均匀，这样子你才不会在喝的时候感觉到一点点颗粒，只会觉得非常香滑。

搅好的藕粉放在一边，接下来请出一块嫩豆腐，买豆腐的时候一定要买非常嫩滑的水豆腐，才能拿来当甜品吃。莲花的部分已经有了，然后把豆腐边缘去开，把粗粗的边去掉，就是一块嫩嫩的豆腐。然后用一个圆形的模具。把做好的豆腐请到碗里面，好有禅意哦。

然后将藕粉轻轻倒进去。

然后是花生，那就是化生——花生碎，通常也会拿来当做甜品来点缀，我们把炒香的熟花生放到塑料袋里面打成花生碎，这样一颗一颗的是花生碎，而且很有口感，粗粗地擀一下，就是这样简单。往上面轻轻地撒上一些花生碎，很好吃的。香浓的藕粉、豆腐、花生，那么看上去有一点点“斋”，所以我们加上一点点的黑芝麻，感觉是撒上了点点的星星，不是吗?

这道甜品高贵、典雅、清香宜人，做法非常简单，先将水豆腐切成适合的形状，放入浅碗中，把调好的藕粉糊淋在豆腐周围，在豆腐上撒上花生碎，在藕粉糊里撒上黑芝麻，花生碎和黑芝麻的加入，让清新淡雅的豆腐和藕粉糊增添了一分香酥可口，快来享用这道养心生血，补益脾胃的素食甜品吧。

煎得香香的 豆酱银鳕鱼

什么情况下需要补充维生素A呢？就是当眼睛疲劳长时间看着电脑，眼睛里面的视紫红质就会大量地流失，“视”就是视觉的视，紫色的紫，红色的红，质量的质，视紫红质主要的组成部分就是维生素A，通俗点说，补充维生素A会使你的眼睛没有那么容易疲劳，可以很大程度上预防近视眼。

什么东西维生素A的含量非常多？深海鱼类，还有鱼肝油。

维生素C丰富的西芹，今天拿来做配菜，记得一定要把叶子和茎一起吃，这样才能够充分地吸收它的营养素，还有鳕鱼，我们之所以要选择鳕鱼，因为它是深海鱼类，深海鱼类富含维生素A。

⊙ 所需食材：

银鳕鱼、西芹、赤味噌、清酒、青柠檬

做法 RECIPE

在这个平底的煎锅里面放上一点橄榄油，我们把银鳕鱼放到锅里，轻轻地煎。

这边煎着银鳕鱼，另一边的锅里面，可以做一个浆汁，这个浆汁的主要构成元素就是橄榄油，还有日本的味噌，用它调一个很好吃的酱，因为我们今天是豆酱鳕鱼嘛，还有就是日本清酒，如果没有清酒，拿一点点米酒也是可以的。

我们把鱼的表面撒上一点点盐，不要太多，一点就够了，轻轻地翻面。这边

是清酒煮味噌，里面要加上一点点青柠汁，用手挤就可以了，大师都是拿手挤。要加大量的糖，加了糖之后，你一定要注意，就是你在煮的时候，不可以让它变得结焦，所以你要不停地搅拌，小火，把煎得香香的银鳕鱼盛在盘子中。

哇噻，你们知道有多香吗？空气当中弥漫着深海鱼类被煎香的感觉。然后要把这边很香的浆料淋在我们的鱼上，好香，然后最关键的，这边撒上西芹。豆酱银鳕鱼就完成了。

芳香
蒲公英黑豆汤

你知道吗？头发跟身体的关系，就像是土壤和植物，如果土壤非常肥沃，植物就会很繁茂，道理是一样的，如果你的身体很棒，你的头发就会非常非常的多，润泽、乌黑，而且不会脱发。如果说忽然间头发大量地减少、发黄、容易断裂、没有光泽，可能就是你的身体出状况了，因为很大程度上头发的健康状况可以反映身体很多器官的运作是不是良好，心、肝、肺、脾、血液循环、精神状况等等，所以说，经常性地关注头发的健康，很大程度上就可以看到自己的身体是不是处于一个正常健康的运作状况。

这款蒲公英黑豆汤是针对脂溢性脱发的食疗配方，蒲公英具有消炎的功效，而黑豆对补肾有明显的疗效，蒲公英黑豆汤口感清新淡雅，是脂溢性脱发的首选饮品。

针对少年白头和体虚脱发的枸杞黑芝麻粥，枸杞可以补肾，黑芝麻可以乌发养发，喝上一碗香甜爽口的枸杞黑芝麻粥，滋补的同时又很美味。

⊙ **所需食材：**黑豆、蒲公英

脂溢性脱发很大程度上会常见于青壮男子，是因为他们的皮肤油脂分泌旺盛，很容易堵塞毛细孔，然后导致局部发炎，就有脂溢性脱发的症状。女孩子的头发是不是过少怎么判断，知道吗？把你所有的头发在后面束成一束。如果说粗细多于一元硬币，说明你的头发很茂密，如果说你扎成一个马尾，比一元硬币还要稀少，你要注意保护头发的健康了。今天我们选择的是做一个饮料，是用两种食材煲的，一个是蒲公英，一个是黑豆。蒲公英其实除了有一个很好的药效之外，在美容方面，它的功效真的很神奇。

蒲公英的美容功效

如果你脸上有雀斑或者粉刺，蒲公英就可以很好地治疗。如果是雀斑的话，应该拿鲜的蒲公英花捣成汁，涂抹在脸上，早晚各一次；如果是粉刺，应该把蒲公英干的叶子煮成水，也是拿来擦脸、洗脸，据说都有很好的效果。

黑豆的补肾功效

要知道很多时候，如果是气血两虚的那种脱发，就是肾亏，因为黑色属水，水走肾，所以黑豆补肾很好。

把黑豆和蒲公英放在一起，煮煮开，开了之后再用小火煮上15分钟，颜色变得非常非常的深了，就可以拿出来放凉了饮用。

黑豆已经煮到涨涨的，然后每一颗也很饱满了，蒲公英呢，感觉也煮到有点像药渣的时候，就可以关火了。可以根据个人口味加入一些糖，蒲公英其实完全没有药味，而是很芳香的那种青草的香味，不是药草，一点都不苦。

黑豆、蒲公英汤一点都不苦，而且很好喝，甜滋滋的，淡淡的。虽然颜色看上去很浑浊，颜色很深，但是从以形补形的角度来看，喝这么乌漆抹黑的汤，是不是就可以长出黑黝黝的头发呢？对不对？很想喝了。

软糯香甜的
枸杞黑芝麻粥

我之前在《本草纲目》里读到了一篇使白发变黑的小药方，不知道疗效，我没有试过，但是说得非常神奇，就是把黑芝麻和黑枣的肉反复地蒸和散九次之后，捣成泥，做成丸状服用，可以使白发变黑，不晓得是不是真的。

但是这样一款其实价格还比较便宜的黑芝麻，真的是有很神奇的一个药效，它除了可以润皮肤、润肝脏，还可以补肾，很多的古典的书籍都有记载，黑芝麻可以使头发变黑，而且我们今天把它跟枸杞放在一起煮粥，非常的补肾宜气，很营养。

⊙**所需原料：**

黑芝麻、枸杞、粳米

黑芝麻和枸杞以及粳米放在一起，就是煮粥这么简单。

大概煮了有35分钟之后，我们发现黑芝麻枸杞粥就做成了，黑芝麻枸杞粥我建议拿冰糖或者是蜂蜜调味，黑芝麻煮成粥依然是很有芝麻香，而且这个米糯糯的，感觉很营养，最后倒上一点蜂蜜调味。

虽然说颜色看上去会有一点黑漆漆的，但实际上却有非常显著的功效，而且对身体也是很有帮助的，三千烦恼丝，虽然说打理起来很麻烦，但是没有了之后也会觉得很苦恼，所以呢，要祝愿大家都有很棒的头发，一定要记得头发是身体健康的一个重要的指标，我们要经常地关注头发的健康程度。

明目
枸杞菊花决明子茶

俗话说眼睛是心灵的窗户，我们有时候夸一个女孩子长得漂亮，会说她的眼睛好像会说话一样。眼睛会说话，其实就是通过眼部的一些细微的变化反映你的心事，比如说你盯着一个人看的时间，是持久还是短暂，你眼皮眨的速度是快还是慢，都会不经意地透露出你的情绪。

其实眼睛除了可以表达你的心事之外，很大程度上也可以传递你的身体是不是健康。如果你最近眼睛出现了熊猫眼，周围有点儿浮肿的状况，就要搞清楚是不是肾的功能负荷太重，因为中医认为肾走水。

如果肾出现了这种亚健康的情况，那么身体各方面都会出现水肿，尤其是在眼睛周围。如果你最近

⊙**所需食材：**

枸杞、菊花、决明子

眼皮老跳，也不要迷信什么左眼跳财，右眼跳灾，很大程度上就是因为你过度的疲劳，压力太大，太紧张，要放松一下情绪了。如果说最近眼睛很干，是不是就应该全身补水。其实眼睛在很大程度上可以反映你身体的状况，一些护眼的食物，同时也可以呵护我们的身体。

这里给大家介绍一款清肝明目的“枸杞菊花决明子茶”，枸杞、菊花和决明子都是呵护眼睛的最佳食品，喝上一杯气味芳香的枸杞菊花决明子茶实在是清爽甘甜，沁人心脾。

相传有一位80多岁的老头，有人问他为什么你到这么大年纪，还耳不聋、眼不花，身体这么矫健，他说“因为长饮决明茶”，就是拿决明子泡水喝。当然这只是一个传说故事，不过在很多的中医书籍里都有记载，如果拿决明子和菊花来做成草药枕头，枕着睡觉就可以清热降火明目助眠，很有好处。

如果有高血压，还有习惯性老年便秘的患者，都可以尝试它，决明茶代替日常的饮料，多喝对身体有保健的效果。

决明子放上若干，加上几朵白菊花，再加上一点点的枸杞，很漂亮，而且除了漂亮之外，它也很好喝。决明子、菊花加枸杞拿开水冲，冲完了之后，我们会看到大概过了五分钟左右，菊花已经舒展开来了，枸杞也变得饱满了，个时候我们就拿蜂蜜调味。为什么一开始的时候不拿蜂蜜，是因为要用开水才能够把刚才说的这三种药材冲开，可是开水对蜂蜜的营养是有破坏作用的，所以等它变得有点儿温温的时候，我们再在里面倒上蜂蜜调味。这样一杯好喝、健康，非常非常棒的饮料送给大家，也就是菊花决明子枸杞茶。

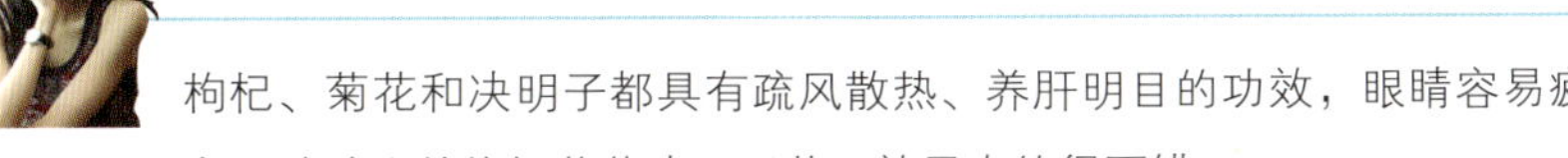

枸杞、菊花和决明子都具有疏风散热、养肝明目的功效，眼睛容易疲劳的人，一定要试试这款枸杞菊花决明子茶，效果真的很不错。

< next >

味道神奇的
什果薏米饭

每到夏天，如何让自己变得更瘦，更好看，是每个女孩子都很在意的事情。那么今天，我们要教你做的饭，名字叫做“什果薏米饭”，这道饭会让你越吃越漂亮。

我们今天的原材料分为两个部分，先来看什果的部分：苹果，菠萝，还有看上去有点像梨子的热带水果叫番石榴。番石榴味道很浓郁的，好像在北方很少见到，不过在一些大的超市里面，也应该有得卖。番石榴，只要加上“番”字的，好像都是从海外进口来的吧，应该不是原产的了。

还有一部分是看上去很特别的一粒一粒的薏米，说到薏米，你知道它有什么好处吗？我一讲出来，可能很多朋友就会瞪大眼睛听了，它可以美白，而且可以消水肿，因为吃多了盐，或者是吃多了一些油炸的食物，经常会感觉到有一点点水肿的现象，比如说脸有点胖，脚踝的部分一摁一小坑，还有就是眼袋、眼皮这些地方，非常容易水肿，影响我们的容貌。但是吃了薏仁之后，就可以很好地消除这些症状了，它不但可以美白、消水肿，关键一点，它可以使我们的皮肤变得非常的有弹性，噔噔！弹性，OK。

首先我们要处理的就是把薏米和大米在一起煮成薏米饭，薏米和大米的比例基本上一比一就可以了。

拿开水把薏米和米稍稍泡一下，大概十分钟之后开始煮饭，这样一来煮的饭又香又软。

接下来的时间，米饭在锅里扑突扑突地煮，这个时间可以把肉切成小丁丁，那如果可以的话，猪肉的部分，可以用虾肉和鸡肉或者蟹肉棒来代替，都是可以的。肉切成丁之后，我们稍稍用一点鸡粉来腌下，再加上一点点酱油，我们希望这个颜色变得更漂亮一点，然后拌匀。

接下来我们就要把什果的部分处理一下。

菠萝

说到菠萝，我个人比较喜欢它的另外一个名字，大家都知道对不对？叫凤梨，听上去好像更高级一些，菠萝有一个很大的好处，跟刚才我们所讲到的薏仁一样，它可以消除水肿，因为这个菠萝当中，有一种特别的酶，叫菠萝朊酶，这个菠萝朊酶可以起到溶解阻塞于组织中的纤维蛋白和血凝块的作用，所以吃了一些菠萝之后，你会发现很好地排毒，消水肿。有时候，我们变得胖了，其实并不是真的胖，而是吃多了含盐量高的东西，造成了一些局部的水肿，所以吃完菠萝之后，就变成了一个瘦美人。

苹果

说到苹果的好处，它不但能够降低胆固醇，而且最关键的一点在于它是糖尿病患者的福音，苹果里面所含的胶质能够很有效地控制血糖，所以一定要多吃一点。

番石榴

这个番石榴，我们的同事告诉我说，它是水果之王，而且是一种亚热带特有的水果，为什么叫水果之王呢？它当中的维生素的含量，是西瓜、香蕉和木瓜的30到80倍，天哪！30到80倍，等于吃了八十根儿香蕉。那么八十根儿香蕉，一个番石榴，当然大家都会知道如何选择，对不对？

之后，把电饭煲里面煮好的薏米饭盛起来。如果你觉得煮薏米饭麻烦，可以煮一大锅薏米水，每天当白开水这样喝，久而久之，你的皮肤就会变得水当当。

接下来要炒一下刚才腌的肉。把锅里面的水擦干净，用一点点的橄榄油，然后爆香葱花。爆香葱花之后，把肉放进去，快速翻炒，当肉大概有七成熟的时候，把薏米饭倒进去，迅速搅匀。然后把这些水果一一倒进去，五彩缤纷的水果炒饭。好香啊，你们真的很难想象这些水果在一起，还有橄榄油和瘦肉的味道，太特别了。

尝一下，味道好神奇，又有肉的香味，又有水果的味道，真的很特别。

接下来我们把饭盛出来，加上一些葱花，还有最关键的，神来之笔，是什么？就是我最爱的肉松，加了肉松才是真正的大功告成了。

好，这是我们今天的“什果薏米饭”。

看上去非常的诱人，气味也很好，而且最关键的是可以排水肿，皮肤水当当，我说完之后，很多人就想试哦，对不对？送给你。

超乎你想象的
响螺竹丝鸡

你知不知道，人一生能吃进去多少东西呢？这个数字一定会让你吓一大跳。原来人一辈子要吃进去的食物总数要达到60吨之多！当然，也要因人而异，比如说一个比较瘦的女生，可能才吃进去40吨左右；如果是一位小胖哥，可能就要吃进去80吨左右。所以这个60吨只是大概的一个约数，不管怎么说，如此大量的食物吃进了我们的体内，它多多少少都会改变人体健康的走向，所以一定要有一个合理、健康膳食的平衡安排，才能够保证你健康长寿，这样我们才能提高自己的生活质量。所以你一定要耐心地看下去，认真记下每一个步骤，因为这是非常健康、滋补而且对我们身体很有益的菜——响螺竹丝鸡。竹丝鸡补血益气，响螺清热润肺，最特别之处，就是还选用了排毒养颜的芦荟来入汤，其中的味道搭配，肯定超乎你的想象。

⊙**所需食材：**竹丝鸡、响螺、芦荟、猪肉、红枣、陈皮、姜

首先把芦荟去皮，因为芦荟的皮是不可以吃的，只能吃它其中的果肉部分。

接下来把已经去皮的芦荟切成片，你要是想把它切成块，也可以。

接下来把响螺切成片。

响螺

响螺其实就是大海螺的一种，非常肥美，看上去有一点点像银鳕鱼，其实它的质感非常像鲍鱼，有一点软软的，有一点点的嚼劲，韧韧的感觉，同时也非常的鲜美，它还含有很丰富的磷、铁、镁等丰富的矿物质，同时它的蛋白质含量高达11.8%。所以也很适合在进补的时候食用，比如煮汤的时候往里面加一些响螺片，不但味道鲜美，而且富有营养。片稍微切得薄一点，待会煮起来就会比较容易入味。

猪肉要用猪展肉，猪展肉是猪的后腿小腿肉，那煲汤就会很滑很好吃。所以建议大家买肉的时候要向肉铺的老板说：“拜托，我想要猪后腿的小腿肉。”其实呢，这个猪肉我们是用来煲汤的，所以也是大大粗粗地切上几块就可以了。

好！万事俱备。

接下来将锅里烧热，然后切一点点姜拍碎，放进去，把鸡飞水，注意将鸡头、鸡爪部分切下来。飞水的时候，我们要把它转动一下。所有的部分都可以被开水烫到。烫完之后，皮就立刻膨胀了，看上去很棒。其实不用烫太久，因为竹丝鸡和普通的鸡不太一样，它本身含有的脂肪非常的少。

接下来，我们把猪肉跟响螺片一起飞水。过完水之后你是不是发现看上去好像变漂亮了？

所有的食材处理完毕后，准备一只大砂锅，里面放上水，把食材一样一样地请进去。

飞水

所谓“飞水”就是把肉类烹制之前用热水汆烫一下。在做这道汤之前，把乌鸡飞水，目的就是去掉鸡的腥味，而且保证在做汤的时候，汤水不会因为过于油腻而变得浑浊。

先放进可爱的小鸡，再放猪肉、响螺、姜，还有就是红枣。这里要注意把红枣壳取出来，只是用枣肉的部分就可以。还有就是陈皮了，这个陈皮要提前拿凉水泡发一下。陈皮虽然很好，但不可以一次使用太多，10克是上限，否则它会导致身体的不适。陈皮先泡好后放进去，它可以使这个汤变得很特别，有微微的香味。

这个时候我们把芦荟放进去，一起炖。然后加一点鸡粉，让味道变得更浓郁。

所有东西放进去以后，记得是要用大火烧开以后，转为小火继续熬制四个小时。

记得盐是最后放的。因为本身这个竹丝鸡，还有红枣以及芦荟和响螺的味道，都很有个性，溶在一起就是非常特别的味道，汤的原味，清清甜甜的，还有一点点药味的感觉。所以盐只是提味，千万不要放得太咸了，因为这道汤不需要有咸的味道，只是吃到一点点的若隐若现的盐的味道就可以了。

吃不胖的菜

如果想迅速地瘦，除了长期运动，还要少吃盐，少吃盐可以“让味觉变得更敏锐”。因为“会品尝到的是真正的菜味，真正天然的味道”。同时透露最好的料理手段不是烹饪或者加各种料，而是要“食材本身足够完美”，如果这一点达到了，“不用技巧，菜也可以很好吃。”

这里介绍的菜会让你越吃越苗条。

熏染博醉
梅子苦瓜

对于没有任何烹饪经验的人来说，每次大客临门的时候都会感到非常紧张，完全不知道做什么菜来招待他们。梅子苦瓜是一道非常非常简单的凉拌菜，就算完全没有烹饪经验的人也可以学得会。

⊙**所需食材：**

话梅、苦瓜、美酒、糖、盐

梅子苦瓜，关键字是在前面的“梅子”。随便什么话梅都可以，不用太贵，随便的、便宜点的都没问题。

做法 RECIPE

首先把苦瓜切成漂亮的环状。

接下来你要做的事情是把它腌制入味：用一些开水，将苦瓜环泡一下。这里要注意，不要放到锅里面去煮，这样处理过的苦瓜既能去掉一些苦味，同时还能够保持很爽脆的感觉。

在泡苦瓜的时候，要把话梅也浸泡一下。话梅可以跟苦瓜的味道融合在一起，酸酸甜甜的，滋味无穷。将梅子泡在边上，五分钟之后就用这个汁来调味。

五分钟后话梅已经飘出了浓浓的味道，这时把话梅连话梅汁一起倒入盆中，然后把用开水冲烫过的苦瓜也泡进来，然后再往里面放一点盐。

接下来是糖，糖可以稍微多放一点，这道凉菜是一道很清爽的菜，所以，加上一点点糖，这种娱乐的成分就马上呈现出来。最关键的一个程序是往里面加上美酒。接下来再来两块冰，这样在上桌的时候，会有一点冰镇的感觉。

吃这道凉菜的时候，会有一点点熏醉博染的感觉，旁边配上冰块，在夏天吃这样一道凉菜，真的是超级爽。这道菜冷冷的，看上去很酷的样子，又超有气质。

可以摆得上台面的 麻酱菠菜

古代中国人称菠菜为“红嘴绿鹦哥”。《本草纲目》中认为，食用菠菜可以“通血脉，开胸膈，下气调中，止渴润燥”。古代阿拉伯人也称它为“蔬菜之王”。菠菜不仅含有大量的β胡萝卜素和铁，也是维生素B_6、叶酸、铁和钾的极佳来源。所以这道麻酱菠菜既简单易学，又很有营养，同时还吃不胖。

⊙所需食材：

菠菜、麻酱、白芝麻、酱油、白醋

⊙工具：

小竹帘

※这个麻酱注意了，不是五一长假在家里打的那种麻将，是芝麻酱的意思。在很多超市，都可以买到这种做日本寿司的帘子，它可以帮助我们的菠菜更有卖相。

做法 RECIPE

首先我们要把菠菜汆熟。看看这些懒洋洋的菠菜，一进入锅中很快就会变得精神抖擞起来。这里要注意不要把菠菜切碎，而是整条地直接在锅里汆熟。水里可以放一点点的油，会使菠菜起来的时候容光焕发。另外要稍微放一点点的盐，这样它就会更有味道。这里还有一个秘密，就是往里面加上一勺鸡粉，味道马上就可以不一样了。注意水不能汆过了，不能汆到它发黄，只是熟就可以了。

汆过水的菠菜放在一边放凉。这个时候就要来调麻酱的汁了：首先是一坨麻酱，接着是一勺酱油，再加入一点点的白醋、一点点盐，糖可以稍微多一些，还有就是一点点的热水，然后充分地把它搅拌均匀，搅成浓浓的麻酱。

这个时候就要用到很神奇的小竹帘，把菠菜卷在上面，这里要注意一定要卷得非常的紧，这样出来才会好看，卷起来之后还可以挤出一些汁，这样菠菜的叶子里面充分吸的是麻酱的美味，如果本身的水分太多，可能就吸不上麻酱的味道了。

接下来我们把整理好外表的菠菜放到盘子里面排列整齐，然后淋上一些麻酱，就是这么随便地淋上去就可以了，同时再来一点胡萝卜丝当装饰。

非常非常好看、精致的，简直是六星级饭店里面也可以摆得上台的麻酱菠菜。

这是一道既减肥、营养，而且又简单的菜，每一个爱美的女孩子都不可以错过哦。

< next >

麻辣鲜香的三丝牛蒡

要想减肥并不等于放弃一饱口福，这道麻辣三丝滋味无穷，又对人体有丰富的营养，只需要很简单的食材和步骤，任何人都能做出来。

牛蒡

提到牛蒡大家应该感到并不陌生，因为几乎所有的日本菜里面，不管是甜菜、腌菜，还是做汤或者红烧，都有牛蒡的身影。日本人认为它是大自然的清道夫，它和魔芋一样，能够吸附附着在我们肠道还有胃壁上的有害物质。牛蒡能够降低血糖，降低胆固醇。它本身有一种代谢的作用，如果消化不良的话，吃一些牛蒡就可以帮助消化。常喝牛蒡茶，能够延缓衰老，保持皮肤弹性有光泽。

如何挑选牛蒡?

a.表皮最好是淡褐色不长根须的；

b.直径不要太粗，最好不要超过3厘米；

c.同等大小的牛蒡，越重越好；

d.整棵的牛蒡，一头自然弯曲下垂表示新鲜细嫩。

⊙**所需食材：**

牛蒡、黄瓜、胡萝卜、花雕酒、辣椒油、白芝麻

做法 RECIPE

首先要把牛蒡去皮，去皮之后切成丝。然后将牛蒡丝放到水里面稍稍地煮一下，简单进行一个汆烫的过程。之后把热腾腾的牛蒡丝先放到一边。

这样一个非常之麻辣鲜香的拌三丝，最关键的一点在于它有很棒的佐料。一点点的花雕酒、辣椒油，比例凭自己的手感就好了。陈醋、糖、小麻油，很多芝麻酱，搅匀。接下来最神奇的就是这个调制的过程，来，用红色的胡萝卜打底，再加上一点黄瓜丝，很有东瀛的味道，最后放上煮好的牛蒡丝，淋上好吃的汁，这个时候最关键的一点是撒上一些白芝麻。

不知道从什么时候开始，许久不见的朋友见面的时候都会说："哇！你看上去好瘦！"要知道这是一句夸奖的话，当听到有人这样跟你这样说的时候，你也可以说，"哪有，你也很瘦。"诸如此类的。不过，我们并不提倡绝对的瘦，我们要瘦得健康、瘦得美丽、瘦得有活力。所以呢，要常吃我们的健康美容餐。

东南亚风情的
柠檬甜椒肉片

每到夏天，大部分女生总会有一些困扰，那就是如何能瘦一点。其实说到看上去瘦一点的话题，有两种选择：一就是在服装的选择上，大家可以选择一些那种带有小摆的娃娃装，看上去就会把身上多余的肉给藏起来。当然，再热一点的话，这个办法也是行不通的。所以说，真的要瘦，还是要在饮食上下功夫，那美女私房菜责无旁贷地要做瘦身、养颜，还有一些排毒的餐食给大家。

⊙所需食材：

甜椒、柠檬、瘦肉、大蒜

糖、橄榄油、鱼露

柠檬甜椒肉片，一看这个食材就非常之夏天的感觉，我们不但是有甜椒、柠檬，还有瘦肉、大蒜、糖、橄榄油。只能吃橄榄油，因为里面含有非常丰富的不饱和脂肪酸。所以它不会变成多余的肉。还有看上去像料酒也像是陈醋的东西，是一个泰国的佐料，叫鱼露。

这些食材里面，是不含有任何盐的成分的。鱼露本身已经是咸咸的，而且味道很浓郁，所以这道菜，好看、好吃，又不会太乏味，总之还是蛮有滋味的。

做法 RECIPE

首先，把肉煮一下。锅里放水，把锅放在火上将水烧开，建议大家可以去买里脊肉，吃到嘴里比较嫩。

在等水烧开的时候，可以处理一下柠檬，我们处理它的时候是要把它榨汁用，可以用简单的电动柠檬榨汁器。如果没有榨汁器或者嫌麻烦的话，也可以把柠檬切了，然后用手挤出汁液。

水烧开后，把肉放进去，这块肉可能要在开水里面煮上5分钟，这些柠檬榨出来

柠檬

柠檬含有非常丰富的维生素和柠檬酸，可以促进肠胃的蠕动，可以加快新陈代谢，所以身上一些多余的不需要的脂肪，还有一些油腻就很快被排除体外，这样就可以排毒。

每天早晨起来之后，如果你的肠胃还不错，就说明没有这种胃酸过多的症状。每天早上起来之后用柠檬汁加一点蜂蜜，然后兑成一杯水喝到肚子里面，清晨起来的第一杯水就可以起到一个很好的排毒功能。

柠檬里面含有非常丰富的柠檬酸盐，能够很好地抑制钙盐结晶（俗称肾结石）的形成。如果说已经形成了小颗的肾结石或者要预防肾结石的形成，都可以在饮食当中，适当地加大柠檬的比例，真的是非常的好。

的纤维也不要丢掉，它并不难吃，所以我们把它给留起来，这样柠檬汁就做好了。

接下来，把甜椒和黄瓜切成丝。

使肉变嫩的秘诀

要把肉变得更细嫩一些的秘诀，是在拌肉的汁里面加上柠檬汁，因为柠檬汁可以把肉的一些腥味给去掉，而且能使肉质变得更细嫩。

准备一些冰水备在边上。待会把肉从锅里拿出来之后，直接放到冰水里，这样热胀冷缩，会让肉的纤维迅速地收缩，它的蛋白质就会凝固，肉就会很紧致，吃到嘴巴里面就会很嫩很嫩。这样的做法非常适合来凉拌或者是拿来做头盘，总之冷吃就对了。

青红椒切好后先放在一边，我们来处理一下大蒜，可以利用捣蒜器将蒜捣碎，取

蒜蓉的部分。接下来我们把已经收缩得七七八八的猪肉拿出来，然后，吸干水分。

接下来我们把猪肉切成尽可能薄的薄片，然后放在盘子里。

然后放上全部蒜蓉、甜椒丝、两勺橄榄油、两勺鱼露、一勺糖、柠檬汁，它可以使整道菜变得非常有味。

然后再把它充分地拌均匀，让每一片肉片都蘸到浓郁的汁。最后加一点鸡粉，搅拌均匀。腌5分钟的时间就很好吃了，但是腌的时间越久，味道就会越浓郁。

在这里告诉大家一个好办法，那就是把腌好的肉，全部都做好之后，放到一个饭盒里面，当成一个便当带到公司去，因为早晨在家里很容易做，然后带到公司里去，放在冷藏的格子里面，大概过三四个小时，当我们肚子饿吃午饭的时候就可以拿出来，看上去好吃，同时又能够解馋，而且关键在于它还很抗饿，整整一个下午的时间，你都可以精神焕发，非常非常的棒。

这真的是一道好吃、好看又排毒、养颜的菜。颜色很漂亮，而且是非常之具有东南亚风情，很夏天的一道菜，最关键在于它能够使你的身材保持窈窕。

冰凉可口的
柠香蜜汁芦荟

这是一道甜品：柠香蜜汁芦荟。

这道甜品非常清凉解暑，而且很特别，因为它用到了芦荟。今时今日，很多女孩子对芦荟已经不陌生了，因为很多健康的食物都标榜自己的食材都有芦荟的成分。

芦荟

首先，它外敷可以治疗粉刺、痤疮，使皮肤变得细腻，同时也可以减少皱纹。方法很简单，就是把芦荟切成片轻轻地敷在脸上。

第二，它可以减肥瘦身。把芦荟用水过一下，开水洗掉黏液之后，不管你是拿来做甜品、做菜，还是打成汁来喝，它都有一个很好的——排便的作用。没错，因为它里面含有蛋黄素，有一点点清泻的成分。所以，从古至今，从中至外，它都是最好的一种排毒的食物。但是这里大家要注意芦荟皮是不能吃的，因为芦荟皮当中的物质会引起身体的过敏和不适。所以建议大家在服用芦荟的时候，一定要把芦荟的皮去掉。芦荟当中的黏液会使口感觉

得非常的酸涩不好吃，所以去除黏液的方法就是放到开水里面漂洗一下。这个步骤非常关键，而且不可忽略。要提醒你，芦荟非常黏，所以在切的时候一定要小心。因为芦荟本身其实味道还蛮淡的，所以我会用一个味道比较浓郁的水果跟它搭配，那就是芒果。

芒果

芒果是一种散发着快乐味道的水果，平时你要是买两个芒果放在家里面，整个房间都会充斥着芒果的味道。芒果有一个很特别的功效，就是它可以治疗晕眩。不管你是晕车、晕船、晕飞机，还是晕电梯，都可以用芒果来治疗。很晕的时候，闻一闻芒果的香味马上就会不晕了。当然，它还可以止呕吐，是不是很棒!

⊙所需食材:

新鲜芦荟、芒果、青柠檬

做法 RECIPE

首先要将芦荟烫熟。汆烫熟的芦荟轻轻地盛起来，放在冰块上，这个时候的芦荟已经变成了透明的，你会分不清芦荟和冰块。把芦荟和芒果放在一个盘子里，然后用青柠和蜂蜜来调味。因为芦荟本身是没有味道的，所以要靠柠檬汁来调味，最后再淋上一点天然健康的蜂蜜，这道冰凉可口、瘦身减肥的甜食——“柠香蜜汁芦荟”就完成了。

制作这道甜品的时候，有几点要提醒大家，芦荟的皮是不能生吃的，否则容易引起中毒，所以一定要把芦荟皮去除。芦荟肉在处理之前，要先用开水汆烫，去掉芦荟上的黏液，这样的芦荟肉才会有清爽的口感。

清淡有气质的 三鲜冬瓜夹

这是一道非常受女孩子欢迎的菜，因为它是一道减肥菜，主料是冬瓜。冬瓜的营养价值远远不如它的药用价值，《本草纲目》就已经记载过冬瓜的药用价值是“食之瘦人”。也就是古时候的人就知道，原来冬瓜是拿来减肥用的。至于冬瓜的名字由来有很多种，最常见的一种说法是，冬瓜在成熟之后，它的外皮上有一层白色的霜，感觉好像是冬天的雪。但是，冬瓜成熟的季节是在盛夏，所以看起来十分养眼，于是，我们就管它叫冬瓜，希望是冬天的瓜果。

泡香菇要注意不可以用热水泡。这样显然会把它的营养成分以及香味会留在那个水里。即便是拿冷水泡发香菇，这个水也不要轻易丢弃。待会自有妙用，可以先把它放到一边。

⊙所需食材：

冬瓜、火腿片、泡发香菇、高汤、鸡粉、盐、糖、姜、葱段、水淀粉、小麻油

冬瓜皮的妙用：

如果说家里面有产妇，冬瓜皮千万不要随便扔掉，因为冬瓜皮上面那层白霜很有药用价值。而且拿冬瓜皮去熬鲢鱼汤喝真的是很适合有小baby的女性朋友喝。这样她就可以很好地哺育下一代了。

首先将冬瓜去皮，切片。

这个片不要太薄，如果太薄了，吃到嘴巴里就会没有口感，因为蒸的时候就会融掉，所以稍微地切厚一点。

锅里放入水，烧开。水烧开之后，把冬瓜放进去汆水，汆一下水可以去掉冬瓜的苦涩味。汆过水之后，大概有个五六成熟就很容易蒸熟了。捞起来的冬瓜，立刻给它冲上凉水和上冷水，这样冬瓜就不会变得很软烂，而是既熟也有一点点的咬头，很好吃。

在汆水的过程之中可以把香菇和火腿处理一下，将香菇切成薄片。把火腿切成跟冬瓜大小相同的片，剩余的火腿也不要扔掉，大概可以炒成扬州炒饭之类的。

香菇片、火腿片以及冬瓜片全部都处理好了之后，就可以准备一个大大的拿来蒸的盘子。

首先要垫一些姜片在盘子底下，这是个非常有趣的过程。有一些姜的味道在里面会让这道菜非常好吃。然后垫上一层冬瓜，垫上一片火腿，再垫上一层香菇；再垫上一层冬瓜，再垫上一层火腿。

全部都摆好之后上锅去蒸。火腿和香菇、冬瓜都是非常容易熟的，所以在蒸的过程中只是希望让它们之间的味道能够相互融合，融为一体，浑然天成的味道简直是难以想象的美。蒸的过程应该是五到十分钟左右。

利用蒸的时间做一个薄薄的芡。这个时候就要用到刚才留的这个香菇汁，点泡香菇的水，还有一点事先熬好的浓鸡汤。在一个小碗里放上一点点的胡椒粉，一点点的盐，一点糖，再给一点鸡汤，然后把水淀粉倒进去。记住了，只是勾一个薄芡，所以不要太多的水淀粉。加上水淀粉之后，倒进来，勾一个半透明的很薄的芡，然后把我们的冬瓜拿出来，真的是好香。最后需要一点点的装饰物，小小的装饰物可以起到一个非常不一样的效果。

放上一些绿色的西洋芹之后，我们这样一个清淡好看又好吃，同时又可以减肥瘦身，又有营养的“三鲜冬瓜夹”就已经完成了。不要忘记最后的一步，就是淋上一些小麻油，这样一来呢，它就有了一层气质外衣。淋上小麻油的过程感觉非常像女孩子全部都装扮完毕，要出门之前往空中喷上一点香水，然后非常从容地从这个香水里走过去。

88

好吃得不得了的 素烧双冬

法国工会上讲到了三大问题：第一是环境保护，气候变暖；第二，就是与我们息息相关的汽油，汽油价格上涨；第三，是跟吃有关的，那就是粮食危机。也许很多人都不觉得粮食危机跟自己有什么关系，因为现在好像在我们的生活里并不是非常严重地呈现出来，但是少吃点，真是要特别的提倡。少吃点，不要浪费，而且少吃点东西可以让味觉变得更加的敏锐，真正体会到食物的原味。除了不要浪费，少吃一点还会让人变瘦，这是让很多女孩子都感到振奋的消息，变瘦，变瘦就是要减肥。

减肥瘦身，是爱美的你在夏天最大的心愿，我们并不是为减肥而减肥，减肥最终是要获得一个健康的生活方式，收获的应该是健康和美丽。所以我们从食物开始带来这个夏天最佳减肥餐谱，素烧双冬，让你吃出美丽吃出健康。

现代生活推崇简单、朴素的食物，这道菜非常吻合这一点。

冬瓜皮除水肿

你知道吗，我们身体很多部分的水肿，会使你看上去臃肿不堪，比如说肚子、大腿啊。所以呢，如果你发现自己有水肿的状况，可以拿冬瓜皮煮水喝。还有就是冬瓜的籽，冬瓜籽有很好的抗氧化、美白祛斑的作用，所以你在吃完冬瓜之后呢，把冬瓜的籽拿来煮水洗脸，敷在脸上，哇！你会发现它有一个很好的祛斑作用。当然你要坚持，这个我是试过的，就算不祛斑也没有任何的副作用，所以大家可以放心地尝试。冬瓜籽煎水擦脸，冬瓜皮煎水喝。

⊙**所需食材：**冬瓜、香菇、蚝油、鸡精

首先，把冬瓜切成块状。

然后将冬瓜上面裹上炸浆，这样的话就更能吸味了。混在一起的是面粉和水淀粉，这样蘸一下烧出来的冬瓜，那味道简直是完全不知道怎么夸。简单的食材经过精心的烹制，出来才会有完美的味道。

锅里放一点点油之后，把蘸上了淀粉和面粉的冬瓜放进去，轻轻地煎到两面金黄。用烧肉的方式来煎冬瓜，你就会发现，这样烧一烧，冬瓜的味道完全跟肉没有什么区别。在夏天的时候又馋又想瘦，好矛盾，可以用这种烧肉的方式来烧冬瓜，效果完全一样。

在选择香菇的时候，建议不要选择看上去太肥美的，要瘦小一点的，才是自然。除了跟我们今天这个瘦身要吻和，食材不要太胖之外，还有一个很关键的就是，如果长得太过于饱满或者肥美的食材，很有可能会有人工添加的这种激素去催发它。所以一定要长得瘦一点，自然一点才可以。

如果你买来的香菇很清洁，稍微冲洗一下就可以，如果它有一点点沙子，用筷子顺时针搅拌一下也可以。

这时你可以看一下今天的冬瓜煎得怎么样了，你会发现冬瓜像煎肉一样完美，还出现了焦黄的边，因为我们有面粉和淀粉，所以它才会出现这种好吃的边。

除了冬瓜之外还有香菇要放进去，然后赶快把这个香菇水里面加入蚝油，味道鲜美无比！一点点的鸡精。香菇水加点糖简直是鲜美的不得了。一点点的盐。因为蚝油本身就蛮咸，鸡精也是，还有很多其他的调味料。这样把汤汁收干之后，就是一道完全可以跟红烧肉相媲美的，好吃的不得了的素烧双冬：冬菇和冬瓜。

这道素烧双冬在汤汁收干的过程中，冬菇的味道充分渗进了冬瓜中，让冬瓜拥有了淡淡的肉香味，既美味又健康。但是，冬菇虽好，也不能放得太多，否则就会影响冬瓜的口感了。

营养又健康的 柴把竹笙卷

在每一天吃饭之前，我们都要怀有感恩的心去感谢大自然赋予了我们这么丰富的食物，它让我们有美好、富足的生活，同时也赋予了我们生命的原动力。

所以我们应该感谢大自然，爱护它。

柴把竹笙卷所用到的食材以菌类为主，有金针菇、竹笙，还有泡发的香菇。

说到这个金针菇，亭亭玉立用来形容它是最合适不过了，看上去非常有气质，就像是一群跳舞的女孩子脚尖一踮，就要飘起来那种，非常挺拔仙气的感觉，气质美女金针菇。

接下来是非常有个性的竹笙，竹笙是非常之鲜甜的一种菌类，而且它的这种鲜味程度，拿来熬高汤的时候，放上一点点，完全超过了其他的肉类，是一种完全没有办法用语言来形容的一种美味，甜甜的感觉。

还有泡发的香菇，香菇也是我很喜欢的一种食材，它相当的低调、朴实，不张扬，跟泥土一样的颜色，不仔细看根本看不出来。

所以这些食物的美好品质我们一定要学习，好了，还有就是今天的一些配料，就是胡萝卜、芹菜、水淀粉，还有盐。

竹笙

竹笙最大的好处就是可以消除腹壁的脂肪，对，倒吸一口气，照照镜子，你不想永远都这样，那就要多吃竹笙，它还可以有一种很好的护肺的效果，如果说你经常咳嗽，或者是说觉得这个喉咙里有痰不清的话，就要多吃一些竹笙了，而且它熬出来的汤很鲜，很好吃。

⊙所需食材：

金针菇、竹笙、香菇、胡萝卜、芹菜、淀粉、盐

首先，要把竹笙用凉水泡软。

接下来我们就要把胡萝卜处理一下，因为胡萝卜相对比较难熟，而且它熟了之后才会比较有营养。所以把胡萝卜用一点点油炒软，也不用炒得太熟，因为我们待会还要用蒸这个环节，所以让它发出来那种香味就可以了。

食用未煮熟的金针茹会引发中毒

很多朋友在吃火锅的时候都喜欢涮着吃金针菇，记得一定要它把彻底煮熟之后才食用，否则这个金针菇里面含有的二秋水仙碱会导致口干舌燥，严重的还会发热或者是腹泻，而且一般是在食用30分到40分钟之后，才会出现症状。所以一定要把它煮熟，充分加热就能破坏金针菇里面的二秋水仙碱。

接下来再在锅里烧一点开水，把金针菇汆烫一下，我们把它汆得差不多之后捞起来，经过汆烫的金针菇看上去老实了很多。

下面的时间我们要把这个竹笙拿来看一看，经过泡发，竹笙就变得大了一点，很可爱，看看是不是很可爱的样子，对，像一个袋子对不对？没错，这就是我们需要的形状。

接下来烧一点开水，然后我们把芹菜鞋带在锅里汆熟。为什么叫芹菜鞋带呢？

因为待会它真的是起到一个固定的作用，在经过多种尝试之后，终于发现了芹菜是比韭菜和葱更容易打结的东西，芹菜今天也非常配合我们的主题，降胆固醇，而且也可以预防高血压和心脏病。

把鞋带子在锅里面汆熟，好，夹起来，清香的绿丝带，这叫什么，春风似剪绿丝绦，放在这边。

接下来就可以跟我一起学做手工了，我们把竹笙去掉尾巴，剪成一个小圆筒，然后从中间剪开，把我们的胡萝卜放进去，放一点金针菇，然后卷起来，用我们的绿丝带绑起来，好美啊，非常有韧性，其中的一个，剪头去尾，然后把它从中间一分为二。好了，挤一挤吧。我们今天这个竹笙卷就可以完成了80%。

柴把竹笙卷需用大火蒸15分钟。

接下来我们就要上锅蒸，把竹笙卷和香菇放进去一块蒸，让香菇的味道渗透到每一个卷里面，同时我们要调一个上汤，一点点的鸡粉，一点点的盐，同时再把刚才我们泡竹笙的水加进来，再把我们做的这个美妙的上汤倒进去，然后等水开之后，蒸15分钟。

接下来把它挪到正式的盘子里，就好像是长

在树底下一样，接下来我们要把竹笙捞出来，好香，这种蘑菇的香味和芹菜的香味混合在一起，真的是一种很特别的那种大自然的味道。剩下这些汤难道不要了吗？那怎么可能呢，我们在这边已经准备好了锅里面勾一个小芡，一点点的凉水，薄的淀粉把我们这边很宝贵的蒸出来的精华倒过来，没错，原汁原味啊，太好吃了。

再来重复一下这道菜的制作要点：

1.竹笙泡发，胡萝卜切丝炒熟，金针菇煮熟。

2.用竹笙把胡萝卜丝和金针菇卷好，并用芹菜固定后上锅蒸15分钟。

3.蒸熟的竹笙卷淋上芡汁即可。

这道菜献给所有想瘦身减肥，又要营养健康的朋友，“柴把竹笙卷”很美味。

神奇的海米
双椒炒魔芋

夏天的时候，我们都希望自己看上去能够苗条一点，也就是瘦一点，但是我们并不提倡面黄肌瘦的那个瘦，也不要骨瘦如柴的那个瘦，我们要健康、滋润、水灵的瘦。也就是说，看上去气色很好，但是该瘦的地方还是要瘦。所以我们建议你尽量吃一些能够让你越吃越瘦的东西，有没有这样的东西呢？有，真的有，比如说这个能动的东西。看上去有点肥，快看。这种感觉像不像你躺在那里的时候，用手敲打自己的肚子。呵呵，如果你的肚子已经到这种程度那就算了，如果说比它好一点的话，我们还有得救。

魔芋

它是非常非常减肥的食物，而且，它有什么好处呢？魔芋当中的这种果胶，能够在你吃进体内之后，附着在你的肠壁上，阻止所有的有害物质来入侵你的身体，它有一个外号，叫“防癌魔衣”。经常吃魔芋，有很强的预防疾病的作用。

魔芋有这么多的好处，那么它到底是什么东西呢？魔芋是一种多年生的草本植物，它的地下块茎磨成粉之后，加上一点点的面粉就可以捏成各种形状。它底下的块茎就有一点像马蹄或者是土豆一样，一块一块的，最大的直径可以到25厘米以上。

魔芋在磨成粉以后，它的可塑性非常的强。不知道你们有没有吃过斋菜，斋菜有时候会把它做成鱼肉、虾的形状，或者做成腰花，一片片地切成片，其实那些食材全部是拿魔芋做的。因为魔芋的可塑性很强，它可以捏成你想要的任何样子，而且它的吸味性也很强。比如说用鱼香炒，魔芋就是鱼香肉丝的味道；把它用烧羊肉的方法烧，魔芋就会出现烧羊肉的味道；如果用烧肉烧鱼的方法烧，当然了，魔芋就会出现各种各样不同的口感和味道。所以说很神奇。除此之外，它还有预防糖尿病，预防高血压，帮助排毒、清肠的效果。所以最近几年，魔芋在国际市场上可谓是风靡一时，也被称为是魔力食品。

⊙所需食材：

魔芋、彩椒、海米、蚝油、酱油

魔芋为什么能减肥

魔芋当中富含的葡萄甘露聚糖，能够很大程度地降低血糖。为什么它是减肥最好的食物呢？因为本身它的热量很低，没有什么脂肪，而且吃完之后很长一段时间，都会有饱腹感。纤维素很高，可以解馋呢，也会产生饱腹感，不会再想吃其他的东西了。

首先魔芋切成块，切成什么形状随你自己，三角形、片形、梅花形都可以。青椒切成圈。

锅里放点油之后，我们把魔芋放进去，快火炒一下。我们把切好的双椒倒进去，加一点蚝油，一点点酱油，翻炒，哇塞！炒匀哦，它的味道有一点像爆炒腰花，加上一些海米和干蒜粒。魔芋一定要用重味炒，因为它本身是没有什么味道的。

起锅了！

味道香浓的海米双椒炒魔芋就完成了，它的制作要点是，魔芋可以切成任何你喜欢的形状和大小，但是如果切薄一些或切花就更容易入味。因为魔芋本身没有什么味道，注意调味的时候要重一些。加入蚝油、酱油、海米后就有了海鲜的味道。

这个看上去非常像爆炒鱿鱼头的一盘东西，实际上是海米双椒炒魔芋，非常神奇魔力而又具有减肥效果的食品送给你。

让你从内美到外的
珍珠杏仁豆腐汤

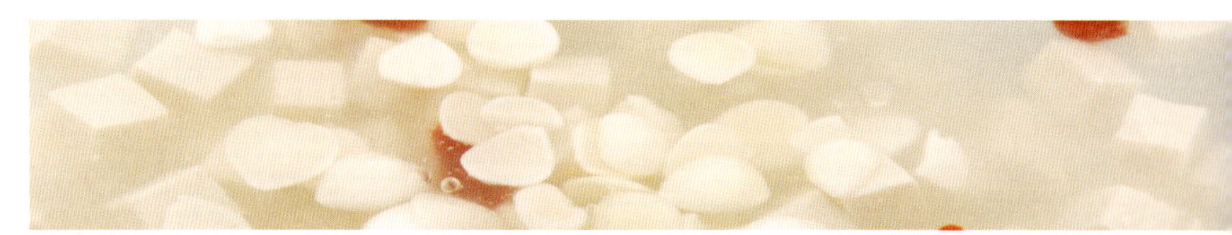

很多女孩子都很喜欢吃甜品，但又担心甜品吃多了会长胖。她们梦想着有这样一道甜品，一是不用担心吃了以后会长胖，二是如果吃了以后再有点滋补效果，那就更美了。

这里有一道吃不胖的汤水能够同时满足你的两个愿望：吃不胖又美容，就是“珍珠杏仁豆腐汤”。比较适合在睡觉之前，或者是早晨起来的时候吃。

珍珠豆腐杏仁汤由珍珠粉、豆腐、杏仁，三种美白的食材精心搭配，具有滋润肠胃、美白肌肤的功效，经常饮用可以让你的肌肤从内美到外。

⊙**所需食材：**

珍珠粉、大杏仁、嫩豆腐、水淀粉、葡萄糖

※珍珠粉：珍珠是真的珍珠，我们并不建议一次大量的服用珍珠粉，但是我建议你持之以恒，每天一点点。

做法 RECIPE

首先把杏仁处理一下，用开水煮10到15分钟就可以把苦杏仁里面的有毒物质去掉。

同时把豆腐处理一下，把它切成很漂亮的形状，既然是甜品，我们就要做得精致一点，我们可以把它切成花样。

把煮好的杏仁捞起来，这样经过处理的杏仁就可以吃了。但是记得煮过杏仁的水要换一下。

然后重新倒上一锅开水，开始煮甜品了，一碗的分量就好了，里面加上杏仁、豆腐，这么娇贵的豆腐，轻轻放进去。

用葡萄糖代替普通的糖来调味，会更加容易被人体吸收，所以我用的是葡萄糖，可以根据各人口味来决定放多少糖。

关键的环节，加入豪华、奢侈的珍珠粉，一点点也不可以浪费。

最后再加上一点点枸杞在里面，既可以让我们的甜品更漂亮，同时还可以补血。然后小心地翻动一下，煮的时候时间不可以太久，大概再煮个五分钟左右就差不多了。盛在一个漂亮的小碗里面就可以了，这时珍珠粉已经溶解在这滋补、营养的汤里面了，豪华版的甜品。

这道“珍珠豆腐杏仁汤”用很短的时间就可以制成，将杏仁在水里煮15到20分钟，除去苦味。煮好的杏仁捞出，加入切好的豆腐一起煮，最后再加入少量的葡萄糖和珍珠粉，就是这样一道既简单又能带给你美丽的汤水。

晶莹剔透的
水晶冬瓜盅

如果某一天你进行了户外运动的话，就会流很多的汗，这个时候要及时地补充水分。我们在很多在比较炎热的时候，都建议大家在进食的结构里面加入一些冬瓜。

炎热夏天多吃冬瓜能够有效地补充身体水分，这里就来介绍一道以冬瓜入菜的佳肴——“水晶冬瓜盅”。晶莹剔透的冬瓜里面放入了冬笋、彩椒和冬菇粒，口味清爽而不油腻，一定能成为你夏日餐桌上不可少的美味小菜。

看看这道菜所用到的食材，名字里几乎都会有一个“冬”字，冬笋、冬菇和冬瓜，但是做出来的却是很适合夏天吃的一道菜，是不是很有趣?

说到冬瓜，这里还要强调一下，今天要做的这道菜，一眼望过去没有任何的荤腥，所以几乎是一道全素的菜，很适合素食主义者。除此之外在夏天的时候，让自己的身材变得更苗条的女孩子或者男士，都可以好好地研究一下这个水晶冬瓜盅的做法。

⊙**所需食材：**

冬瓜、冬笋、彩椒、淀粉、冬菇

做法 RECIPE

首先，要把彩椒还有冬笋以及冬菇全部都切成粒。

冬笋

冬笋是竹笋的一种，是竹子的嫩芽，质量好的冬笋颜色是外壳金黄、里面洁白，而且是两头尖、中间鼓，一层层地剥开就可以看到洁白的冬笋肉了。

冬笋里面的多糖物质，能够非常好地预防癌症的发生。但是，我还要提醒大家，冬笋里面的草酸钙的含量很高，所以肾不好的朋友，在吃冬笋的时候，就要有节制和慎重一些。

冬菇

冬菇不但是味道非常的鲜美，而且它富含多种人体所需的氨基酸，也有一定的抗癌作用。而且这个冬菇在很大程度上能够有效地帮助治疗动脉（粥样）硬化以及高血压等疾病。

还有一个很新鲜的说法，说冬菇能够预防感冒。也就是说，如果你周围的朋友感冒的话，你应该主动地去吃一些冬菇提高自己的免疫力，增强预防感冒的能力。

甜椒

甜椒又叫彩椒，因为它的颜色非常的丰富，有绿色、红色和黄色。其实除了这些颜色，还有紫色的和橙色的甜椒。说到所有的种类，这里要特别提醒大家的就是，在颜色各异的彩椒当中，红色的彩椒营养价值是最高的，因为当中含有非常丰富的胡萝卜素。胡萝卜素能够有效地制止致癌的自由基入侵细胞组织。简单说来，就是它能很有效地提高我们人的免疫力和抵抗疾病的能力。所以多吃一些红甜椒对身体健康很有帮助。

下面的步骤是把所有的材料在锅里面炒一炒。如果你想让这道素菜变得非常非常的香，要用很高级的麻油来炒，而且这个香味是很独特的。一般情况下大家都会把麻油拿来做凉拌的调料，可实际上拿麻油来炒菜会令这个蔬菜拥有独特的香气。

把材料一一放进锅中。冬菇、冬笋、彩椒，颜色鲜艳，味道又非常非常的浓郁和香甜。然后我们再往里面加上一点点鸡粉和盐来调味。我们只要大概轻轻地炒一下就可以了，并不需要炒得非常熟，因为这道菜所用到的食材都是很容易熟的。然后我们拿水淀粉勾一个芡，而且这个芡不可以太薄，也不可以太厚，让它有一点点的黏性。

馅料准备好之后，接下来我们就要处理冬瓜了，拿个小模子，将冬瓜处理成小方块。

接着我们要准备一个很合适的小勺，在冬瓜上挖一些小洞，因为这个勺是圆形的，所以很好挖。也就是说我们要把这个小花瓣掏空了。下面我们就把刚才炒好的馅料酿到已经挖好小洞的冬瓜里。

然后将冬瓜放进蒸锅，蒸大约5-8分钟的时间就可以了。我们再利用这个蒸的时间做一个很薄的芡。为了增加鲜美，可以在芡里放一点点蚝油，当然如果你是素食主义者，你就只用酱油就可以了。放一点点的盐、一点点的酱油让它的颜色变得深一些。冬瓜蒸好后我们给它勾上一个薄薄的芡。

冰清玉洁，而且看上去好像又很有食欲的样子，再加上冬瓜是非常健康的食物，所以这样一道非常美丽的水晶冬瓜盅很适合在夏季的时候食用。同时还可以增强你的体力。

快乐食材

之所以对做饭如此“宠爱”，是因为做饭让我更加“自信和快乐”。我也曾经因自己不会唱歌、不会跳舞、不会开车而感到自卑，但当后来发现做饭是自己的特长并去发挥时，自己变得更容易快乐和自信。

这一章所介绍的菜会让你越吃越快乐！

百般滋味
观音斋

观音斋其实就是把许多好吃的蔬菜炒在一起。今天要选择的蔬菜里面，包括莲藕、胡萝卜、香菇和竹笙，还有黑木耳，当中最主打的，依然是莲藕，那说到莲藕，其实佛教里面有“花开见佛性”这么一说。

这个“花”指的就是莲花，也就是说如果人在生活当中，有了莲花一样的心境就会生活得非常安详、

平和，会觉得生活很美好。那莲花是怎样的心境呢？其实最简单的我们的理解就是《爱莲说》，“出淤泥而不染，濯清涟而不妖”，也就是要有一颗莲心。

⊙**所需食材**：莲藕、胡萝卜、香菇、竹笙、黑木耳

把莲藕和胡萝卜都切成片。竹笙和香菇要提前泡发一下，黑木耳也要提前泡发。但是最好是在水龙头下面放在一个大碗里面，用筷子顺时针或者逆时针反复搅拌之后，就可以把黑木耳里面隐藏的一些泥沙带出来，吃的时候就会很爽口。泡发好的香菇，我们挤干水分放到一边，香菇水不要扔掉，待会儿可以用它勾上一点薄芡。

黑木耳洗干净，捞出来沥干水分放到一边，竹笙也要提前泡发好的，把胡萝卜切成漂亮的形状，花点心思，感觉非常之有花开的感觉。

泡发香菇的水留着，用香菇水勾一个很薄的芡，倒一点油，把香菇、木耳和竹笙在锅里炒香，撒一点点盐就好了，再撒一丁点的糖淡出香味，翻一下锅，炒香之后盛出来放一边。

接下来炒藕片的部分，藕片和胡萝卜一起炒。藕有很多种吃法，炸藕盒，还有藕粉、醋溜藕片，今天拿来炒观音斋，真的好有禅意。炒香之后把刚才的竹笙、木耳和香菇放进去同炒，然后把我们那个薄薄的芡倒一点点进来，一点就好了，在里面加

一点点西兰花叶子当装饰，本来绿色的部分想加点葱，但吃素的朋友应该有一些忌口的，所以我们改加西兰花，又漂亮，又好看。

关键之处在于起锅之前淋一圈小磨香油，哇，好香啊。其实原来素菜也可以做得有百般滋味。

“观音斋”，清新朴素的一道素菜，主材料是莲藕，先将莲藕、胡萝卜切片，香菇、竹笙、黑木耳分别泡发，再将这些美味的素菜一起炒制，并加入调味的鲜汁，有个小秘诀是在起锅淋上一些小麻油，香味便弥漫开来，你会发现原来素菜也可以如此鲜香。

鲜香快乐
虾仁炒白果

食物有很多神奇功效，它除了可以改善我们的健康之外，很大程度上也能够优化我们的情绪。比如说有很多食物能够给你带来快乐，除了吃饱感到快乐之外，本身常常吃这类型的食物你会觉得很开心。

比如深海鱼，住在海边的人的快乐指数都比较高，除了因为大海空气清新辽阔之外，很关键的一点在于海边住的人，他们会把鱼类当成主食，而鱼类当中的脂肪酸很大程度上和人类所摄取的一些镇定、抗忧郁药物的成分很相似。也就是说，如果有情绪和精神方面的困扰，与其说去吃药，还不如用食疗，尤其是这些深海鱼类。

还有就是香蕉，香蕉当中富含的生物碱能够很大程度上提升你的自信心，让你充满了快乐，然后很有掌控能力。还有菠菜，菠菜当中富含叶酸，要知道如果连续五个月都没有摄入足够的叶酸，你的睡眠质量会大大地下降。还有就是樱桃，樱桃不仅仅好吃，而且它在某种程度上的功能跟阿司匹林比较相似，如果吃一片阿司匹林还不如直接吃二十颗樱桃。

白果

白果就是银杏树的果实，银杏树的成长速度非常缓慢，但是树龄很长，据说一个小小的树苗种下去之后大概要十年之后才能结果，进入盛果期则要再等上40年到50年的时间。但是它产果的整个周期大概200年到300年之久。白果具有非常丰富的维生素，同时还有镁、磷、钙、钾等微量元素，而在中医上一直以来，白果都被认为是非常好的止咳定喘，同时还可以润肺的一个药用的食材。

盛夏的时候，可以拿白果来煮糖水，是非常清热解毒的，但是我要提醒您，如果白果一次吃超过20粒之后，反而有可能会中毒。当你感觉到不舒服的时候，就要立刻拿绿豆去解毒。

⊙**所需食材：**新鲜白果、虾仁、葱花

鲜虾仁我们需要用一个鸡蛋的蛋白来把它调味，我们要放上一点点的盐，糖会让它变得很鲜甜，一点点的胡椒、鸡精，我一般在腌虾仁的时候不提倡用鸡粉，但是我比较喜欢用一点点鸡精，因为鸡粉的鲜味有时候会抢掉这个虾的鲜味，所以用胡椒和鸡精比较好。

我并不会就这么炒，而是会把它挤干水分，你知道吗？这就是炒龙井虾仁的秘

诀，虽然腌过了，但是也要挤干水分，这样一来虾仁又入味又爽滑，但是它还脆，不会湿塌塌的。

锅里放一点油，然后一定要在油温非常非常热的时候把虾仁倒进去，这样才能保证虾仁是很脆、很爽、很嫩滑的。倒虾仁，在滚烫的、非常之充分的热度里面，虾仁有一点点微微变色的时候，有一点微微发红的时候，我们就可以把它盛出来了，不可以太熟，因为待会儿我们还要跟白果混在一起炒。

这个时候把白果倒进去，刚才挤鲜虾出来的那些美丽的汁，无比鲜美的汁，这时候就可以用上了。

蛋白鲜虾汁和白果在一起炒是多么的鲜香，等我们看到白果已经炒到表面稍微有一点胶胶的，然后里面有一点半透明的时候呢，就可以把虾仁放进去了，刚才我们已经炒过的虾仁最后稍稍地擢一下，哇！这怎么用一个香字来形容，这么的鲜香。葱，好鲜美的一道菜，马上关火，哇，太棒了！

首先，虾仁用蛋白、糖、盐、胡椒粉和鸡精腌制入味，之后一定要挤去虾仁中多余的水份，这样炒出来的虾仁不仅滋味丰富，而且口感脆嫩。

其次，炒的顺序很关键，先将虾炒七分熟后捞出，然后开始炒白果，当白果炒熟后再放入虾一起翻起片刻。一盘精致美味的小炒就新鲜出炉了。

清雅的
菊花鲈鱼羹

这是一道很清雅的菜，它除了有一个很好听的名字叫“菊花鲈鱼羹”之外，我们更是可以从名字当中知道，要拿来入灶的食材跟花有关，而且是看上去相当雅致的白菊花，所以这样一道羹汤也有了一点点仙风道骨的味道。

其实拿菊花来入灶，有很多的名菜，比如说在杭州我就知道有菊花古老肉，是一道很好吃同时也是

很有名的菜，早在战国时期就有一句很有名的，屈原的诗，记得吗？叫“朝饮木兰之坠露，夕餐秋菊之落英”。

现在我身处南方，一年四季都可以很轻而易举地找到菊花，所以也未必一定要秋菊了。今天我们除了拿菊花来入灶之外呢？另外一个主角，隆重介绍一下就是鲈鱼，鲈鱼我们需要大概是一条一斤左右的小小的就可以了，因为我们会把它蒸熟之后，肉拆出来，去皮、去骨。

除了鲈鱼之外，还要有一些笋、草菇、姜、豆腐以及盐，还有一点太白粉（生的马铃薯淀粉），胡椒、料酒和一点点事先熬制的上汤。如果说没有时间熬制上汤的话呢，也有一个很简单的办法，就直接拿鸡粉冲热水就可以了。

其实我真的是非常崇尚现代女性在厨房里面利用一些非常便利的食材来烹制出好吃的东西，比如说鸡粉就可以给我们带来这样的条件。

⊙所需食材：

鲈鱼、笋、草菇、姜、豆腐、盐

首先把鲈鱼蒸一下。鲈鱼很容易熟的，蒸的时候不需要太长时间，大概水开之后的8分钟就可以了，在蒸的时候我们需要往里面放一些料酒，同时准备一些姜和葱。鱼在蒸的时候，我们准备一碗清水，然后往里面放上一些盐，搅拌一下。

把我们今天要用的菊花剪下来，用淡盐水泡一泡，这样做的目的，是把菊花里面本身藏的一些细小的虫子用淡盐水给清洗出来。

除此之外，我们还需要做的是把笋切成片，笋汆水不但是可以待会儿让它熟的更快一些，而且最主要是去掉笋的土腥味和天生的一点点涩味。

接下来我们来把草菇和笋汆一下水，去一下土腥味。豆腐我们需要把它切成美丽的小方块，建议大家尽量买这种稍微老一点点的豆腐，如果太嫩的话，煮到锅里还没两下，就已经不见踪影了。

接下来看一看鲈鱼蒸好了没有，其实判断是否熟了的办法很简单，轻轻地戳一下，如果能够很快戳到底，就说明它已经熟了。

接下来我们要做的事情就是把鲈鱼的皮和骨去掉，只要鱼肉的部分。

接下来用一些开水将鸡粉调制的高汤。然后把豆腐放到一边备用，把我们之前汆过水的笋和草菇一起放进去，再把豆腐放进去，因为鱼肉已经蒸熟了，所以最后放也来得及。

好了，水开之后，我们就把鱼肉和菊花放进去。这个时候沿边加上一点点儿料酒。加料酒，一是使鱼肉仅存的那一点点腥味也去掉，还有就是能够使这个汤变得更加鲜美，而且味道更加的丰富，之后我们再往里面加上一些鸡精，也不要太多，一点点就够了。还有就是胡椒粉，这就看个人口味了，比如我比较喜欢吃胡椒的味道，就会稍微多加一些。

好，接下来我们会勾一个芡，往里面再加上一些姜丝。然后让它煮到有黏稠的感觉，不管是笋、豆腐、鲈鱼，或者是草菇煮久了，其实都会有一点点黏黏的。最后加上一勺料酒，你要知道这个料酒最后加上去的感觉是完全不一样的。

然后我们把泡好的菊花摆在上面，等到你上桌吃的时候，其实菊花就已经熟了，然后中间放一点点的葱，看上去这道菜是不是属于非常清爽的那种呢，很脱俗的感觉。

好，那这样一道菊花鲈鱼羹就完成了。看上去就像我一开始说的那样，很清雅的一道菜。

希望这样一道菜能够给您带来一份很悠然的心情。陶渊明说“采菊东篱下，悠然见南山”，虽然我们在喧嚣的都市里面，很少能有机会、有心情去体会悠然见南山的感觉，但是吃一朵菊花是不是也可以沾上一些那种归隐的气息呢？

让人好心情的
木鱼花蒸丝瓜

要评价一道菜好不好吃，满分是十分的话，当中有五分取决于食材的新鲜程度，另外三分则来自于厨师的烹饪技巧，剩下两分就应该是品尝者的心情，正要吃的人，如果说那一天心情很糟，恰巧他又好饱，我想不管是多好吃的东西摆在他面前，也会食之无味的。

恰巧他的心情很棒，胃口又很好，那么即便是一道普普通通的家常菜，哪怕只是一碗泡面放他的面前，他也是食指大动，不是吗？食物和心情的关系非常紧密，

所以建议所有人在吃饭的时候，一定要有一个很好的心情，而且不要随意去破坏餐桌上的和谐气氛。因为吃饭对于每个人来说都是一件很重要的事情。

我记得我小的时候，在学校里哪怕是犯了错误回到家里，我妈妈正准备在餐桌上批评我，怒目圆睁，就听到我爸说，慢慢来，有事等吃完饭再讲。现在我明白了，其实那只是我爸爸一时的缓兵之计，因为在吃完饭之后，我妈妈也常常会不记得批评我。

保持就餐环境的一个和谐和愉快的氛围，其实对身体健康是很有帮助的，而且这是有科学依据的，因为如果在吃饭的时候，哪怕饭菜非常的营养，非常非常的好吃，但是如果就餐者的心情不好的话，也会导致肠胃系统功能一点点的紊乱，而且各种消化性的分泌也会大大地减少。所以对于帮助吸收，帮助全面营养的一个摄入都是很不利的。所以我们在吃饭的时候，应该保持好的心情，愉快的氛围。任何会导致不愉快的话题都不要谈到，比如说学习、工作、超支了，今天碗谁洗、家务诸如此类，所有的事情都不要讲。

⊙所需食材：

丝瓜、蒜茸、木鱼花

蒸丝瓜是餐桌上常见的菜肴，但加入木鱼花这种奇妙的食材后，会令这道蒸丝瓜无论在卖相，还是味道上都与众不同。浓郁的蒜香，木鱼花预热后的活蹦乱跳，以及木鱼花所带来的特殊香味，都会给你的餐桌带来不一样的享受。

木鱼花

木鱼花是来自于日本的非常有趣的食材，它看上去有一点点像木屑。实际上它真的是刨出来的，不过是一种比较珍贵的鱼类叫鲣鱼，鲣鱼大的十斤左右，小的有三斤左右，从海里捞上来以后，去头去尾放到蒸笼里面，蒸四个小时左右，然后放到太阳底下晒干，再放凉，重新再晒，这样反复地要经过40天左右的一个炮制的过程，才可以制作成鲣鱼干。这个制作好的鲣鱼干，能够保存一年左右，吃的时候会把它刨成薄片，因为它质地很坚硬，所以会刨成这种像木屑一样的花，又叫“木鱼花”。

木鱼花在很多日本料理里面常常可以看到，比如说在汤里面撒上一层，味道会很鲜美。而且在一些寿司或者是煮烤的食物上面会轻轻地放上一些木鱼花，因为木鱼花的质地很轻薄，如果碰到热气，热气上升的时候，它就会因为空气的流动在那里颤动，看上去栩栩如生，好像是一只蝴蝶，或者是一些小昆虫停在上面一样。总之它不但是味道鲜美，而且给食物的美观能够起到一个非常大的帮助作用。

做法 RECIPE

首先要将丝瓜去皮，如果说你想使这个丝瓜吃上去的时候有一点脆脆的感觉，那么可以将丝瓜洗干净，留一点点绿色的表皮在上面。而且上面留一点点绿色，蒸出来的丝瓜也会很好看，吃到嘴巴里的时候会脆脆的。

丝瓜刨好后放在一边备用。

丝瓜

其实丝瓜真的有很多很多的好处，它除了可以做汤，炒菜，还有像我们今天拿来蒸之外，丝瓜的汁其实可以拿来擦脸，因为丝瓜汁又有一种别称叫“美人水”，里面含有非常丰富的维生素B和维生素C，不但可以美白和滋润皮肤，同时还能够有祛斑和抗过敏的作用，所以如果你觉得不怕麻烦又可行的话，可以把丝瓜汁拿来敷在脸上，每天晚上睡觉之前擦一下，慢慢地说不定皮肤就会变得光滑细腻。

现在我们看到的丝瓜是很嫩的，而实际上这个丝瓜即便是年纪大了也是有作用的，丝瓜老的部分，可以让它自己在藤上风干，最后拿它这个丝瓜瓤来洗碗，甚至是洗澡，真的是非常非常的方便实用。

接下来把丝瓜切成条。

蒸锅里面放上水，烧开。要蒸东西好吃，一定要记得在锅里多放一点热水，然后等这个蒸汽弥漫整个蒸笼的时候，再把东西放进去，也就是说等水烧得很开的时候，这样我们要蒸的食材就会迅速地均匀受热，才能保证里面的汁水不至于流出来，蒸鱼、蒸肉或者是蒸一些蔬菜都是这样的，快熟、好吃。

在等水烧开的过程当中，再把这个蒜炸一下，炸蒜的时候可以往里面放上一点点的盐调味，用小火把蒜炸成金黄色。这样炸出来的蒜再配着丝瓜一起蒸就会非常的好吃。炸好后放到一边备用。

这时蒸锅里的水已经有很大的蒸汽了，可以把丝瓜放进去，但在放的过程中要小心烫手。

耐心地等一会儿。大概差不多5到8分钟之后，我们就可以把丝瓜拿出来了，千万不要断掉，那样就不漂亮了。

拿出来之后把刚才炸过的大蒜放在旁边，上面也浇一点点蒜油，现在这个丝瓜里面已经有了蒜香和丝瓜本身的香味，我们来勾一个薄薄的小芡，加一点点的水淀粉。现在我们往这个芡粉里面倒上一点蚝油，这就是这道菜味道鲜美的关键。再撒上一点胡椒粉。因为本身已经是很清淡的丝瓜，加上一点点甜鲜的蚝油，还有蒜蓉的香味，所以这道菜看上去蛮清淡，但是味道却很浓郁。蚝油轻轻地淋在上面，很美味的汁。争取让每一块丝瓜都沾到这个美味的汁液。然后趁着上面是黏黏热热的，我们撒上大量的木鱼花，木鱼花会让这道菜看起来就像要动起来一样。

木鱼花在丝瓜和芡汁的热度下微微地抖动，让整道菜不仅美味，而且变得生动起来，是不是很奇妙呢?

首先将丝瓜去皮切成段后备用，丝瓜去皮时要注意要保留一点点丝瓜皮，这样才能保持丝瓜在蒸出来后口感脆爽，接下来就是炸蒜，炸蒜时放一点的盐，会让炸出来的蒜更香，丝瓜放入蒸锅，蒸几分钟后，拿出来淋上用蚝油调制的芡汁撒上木鱼花，这道“木鱼花蒸丝瓜”就完成了。

酥脆香口的
桃仁鸡丁

桃仁鸡丁，是一道既营养又美味的健康菜式，选用被誉为“益智健脑大王”的核桃为主料，搭配鲜嫩的鸡腿肉和彩椒一起炒制而成。去掉表面一层褐色薄皮的桃仁在经过翻炸之后丝毫没有核桃那种涩涩的味道了，留下的只是酥脆和香口，实在是太美味了。

核桃的形状有一点像大脑？所谓以形补形，核桃其实真的是非常补脑的一种干果，里面含有很多的蛋

白质和氨基酸，所以准妈咪应该多吃一些核桃，这样小宝宝就会很聪明；经常需要用脑、工作很繁忙的人群也可以多吃一些核桃。核桃在补脑的同时也能够让情绪变得安定和松弛。所以放上一小罐核桃在抽屉里面，在工作的间隙拉出来吃两个，对身体是只有好处，没有坏处。

说到核桃的来历，它其实还有一个名字最开始叫“胡桃”，是当年盛产在边域羌胡一带，后来汉代的特使张骞从羌胡带回了中原，所以就管它叫“胡桃”，慢慢才叫成了核桃。核桃据说能够使皮肤保持光泽、弹性，而且白里透红，因为它有很丰富的核桃油。有一个例子，我不知道到底这个是传说还是确有其事。

据说著名京剧表演大师梅兰芳到老年的时候，皮肤依然是非常的光泽，而且很有弹性，看上去鹤发童颜，为什么？就是因为他每天都喝一碗核桃粥，用核桃果捣碎了煮的粥，核桃和粳米在一起煮粥非常营养，而且常常服用能够延年益寿。我不知道是不是真的，但是无论如何，核桃和粳米在一起煮粥一定对身体是有好处的。

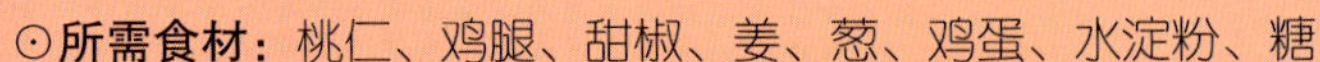

⊙**所需食材：**桃仁、鸡腿、甜椒、姜、葱、鸡蛋、水淀粉、糖

首先，我们把肥胖的鸡腿大掉皮和骨头，切成丁。

我们希望那个鸡丁的部分是非常的洁白，然后很嫩很香，所以不需要太多的油分。把切好的鸡丁倒到盆子里，稍稍腌一下。蛋清倒进去搅拌均匀之后，倒一点点的鸡粉。

加一点点美味鲜酱油，再加上一点点的芝麻油、一点点的蚝油，就会让这个鸡非常非常的鲜美，既有鸡的味道，又有海鲜的味道，但是一定记得不可以放太多，因为蚝油比较咸。搅拌均匀，让它有充分的时间来吸收这些喷香的调味料。

接下来把核桃放到开水里面烫一下，然后再迅速放到冷水里面，它就很容易剥

核桃去皮的方法

先用热水烫 再用冰水浸泡，大概泡15分钟左右，再把它迅速地倒进冷水里，就可以很轻松地剥掉外衣。

甜椒

现代人非常喜欢吃的甜椒，随便都可以买得到，色彩又鲜艳，而且最关键的是它也是健康又营养的食品。因为甜椒当中含有非常丰富的胡萝卜素，胡萝卜素可以增强人的免疫力，同时能够使我们变得更加美丽。

除此之外还要提醒你的就是，甜椒当中含有非常丰富的维生素A，维生素A能够保护你的眼睛，因为如果我们的眼角膜上层细胞过分干燥，就会导致失明。缺乏维生素A的时候多吃一些甜椒、水果，能够很好地保护视力、保护眼睛。

掉这一层有点苦涩味的外衣。核桃的外衣会破坏核桃本身的那种香味和甜味，所以我们炒核桃鸡丁的时候把它剥掉。

把切好的彩椒放到这边来，接下来我们把核桃仁放到冰水里。是不是很轻易就可以剥下来呢？剥掉了外衣的核桃仁闻起来只有核桃果仁的香味，而没有任何苦涩的味道了。

接下来我在锅里面放上一点点的油，需要把核桃炸一下，在炸核桃之前我们要拿一张纸把核桃里面多余的水分吸掉。炸到金黄色的时候我们就把它捞起来，炸过之后的核桃仁酥酥脆脆，非常非常的香口。

闻到非常非常香的味道，有一点点像开心果仁的味道。我们就把它捞起来，把多余的油倒掉，锅里面再留上两匙油的样子，我们把刚才已经腌过的鸡肉丁放到锅里爆炒一下。

为了保持鸡肉的嫩滑，大概炒个两三下我们就把它倒出来，这里面还有一些多余的油分，也可以继续使用。然后把甜椒放进去，姜片、酱油、一点点的糖、一点点的酒；把我们的鸡丁倒进去，看上去是不是颜色斑斓，好漂亮？

撒上一点点的香葱，然后赶快关火，鸡肉的部分不要太老，一定要嫩到入口之后分不清哪个是鸡肉，哪个是自己的舌头。

烹制这道桃仁鸡丁要特别注意两点：首先，在鸡丁中加入一个蛋清、少量的鸡粉、酱油、麻油和一点点蚝油，腌上15分钟。第二，要想去掉桃仁涩涩的口感，就要去掉桃仁表面这层褐色的薄皮，方法是用开水烫泡15分钟，之后再放到冰水中浸泡，只要掌握这两点，你也可以轻松地做出酥脆香口的桃仁鸡丁了。

欢乐
串烧茄子

这一味小菜，其实来自于日本的紫菜茄子烧，是蛮有名的一道料理，不过我把它做了一点小小的改变，变成了今天我们看到的这样一款串烧茄子。

串烧茄子是一道具有东瀛风情的特色美食，将新鲜的茄子切块后，抹上厚厚的紫菜酱，烤制酥软后，浓郁的紫菜香便融入其中，鲜美可口。同时竹签上还串上了新鲜的黄椒和草菇与茄子搭配，既美味又赏心悦目，香喷喷的串烧茄子热量低又健康，是朋友聚会时不可缺少的欢乐食品。

茄子

说到茄子这种食材，它真的是一个非常非常好的东西，除了它的营养价值之外，很有趣的一点，就是它的名字——“茄子”。我们常常在拍照的时候会用到它，因此我觉得它应该属于一种快乐的食物，茄子，我们在说它的名字的时候，嘴型就会最漂亮，所以它也应该会沾染快乐的气氛。

还有就是它的营养价值，茄子里面含有非常丰富的锰，这种元素能够安定我们的神经系统。若是都市人的压力很大的话，会感到焦虑、不安，情绪紧张。这个时候如果多吃一些茄子就能够稳定整个神经循环系统，所以说我们多多少少平时在吃饭的时候应该多吃一些茄子，更何况它并不难吃，还很好吃呢。

说到这里，我要提醒大家，今天我们这样一道串烧茄子所选择的茄子最好是新鲜的，如何来判断它是不是新鲜、年轻的茄子呢？很简单，我们来看一看这个茄子蒂的部分有浅色的一道痕迹，就说明这个茄子刚刚摘下来不久，而且还处于一个非常茂盛的生长期。

如果说我们看不到这个浅色的痕迹，它的蒂下来就是这种深紫色，说明这只茄子已经摘下来一段时间了，而且里面已经出现了果肉老化的情况，吃起来就会影响口感。所以说我们在买菜的时候要找一只新鲜茄子，就要看浅色痕迹越宽的说明它越新鲜，是不是很容易分辨呢？

⊙所需食材：

茄子、草菇、黄椒、芝麻、紫菜酱

⊙工具：

锡纸、竹签、烤盘

做法 RECIPE

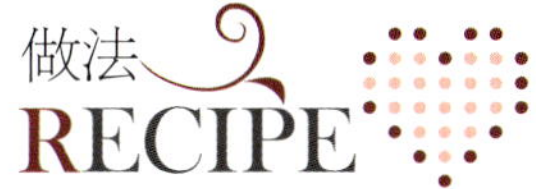

首先，我们要做的事情就是把茄子切成我们想要的形状，切好后就把火点着，把茄子在锅里面过一下油。家里的长辈在教我们做饭的时候就会告诉我们说这个茄子是非常吸油的，因为它的整个结构是海绵体，所以呢，就会要多一点点油吃起来才香。

我们把它过一下油，然后调成小火，否则的话，茄子还没有吸到油分就已经变焦了，放了这么多油，待会儿吃起来会不会油腻呢？其实答案是不会。因为待会儿在烤制的过程当中多余的油分就会被烤出来，所以，现在如果多放一些油，待会儿

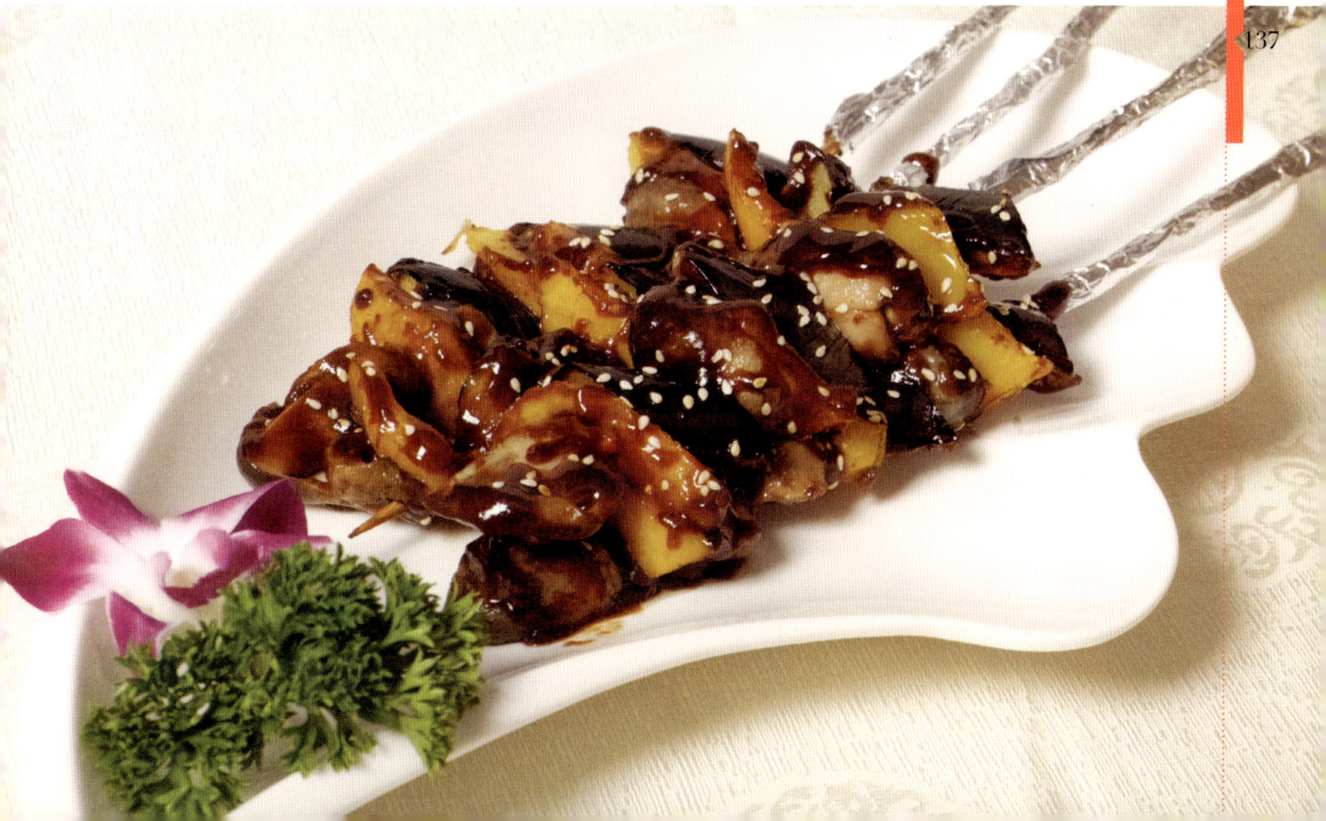

就会更好吃。

现在处理一下黄椒，切成一个长方形，然后把茄子摆成了自己想要的样子。锅里再放一点油，把草菇煎香，加一点点的盐，煎香之后我们摆到这边，大致上我们已经看到自己想要的样子了，我们就把竹签串过。

茄子果肉的部分切开之后接触空气就很容易氧化，所以平时我们在家里面自己做炒茄子、拌茄泥的时候可以在切好之后，迅速把它放到淡盐水里面稍稍地漂洗一下，就可以把茄子那种白色的茄肉上铁锈状的部分清洗干净，然后再用手挤一挤，这样果肉就会变得洁白如新了。

接下来我们把烤箱预热，我们要烤20分钟，然后是180度，现在在烤箱预热5分钟的时候，我们往茄子另一面涂上今天的另外一个主角，那就是紫菜酱。涂上紫菜酱，这样在烤制的过程当中紫菜酱的香味会充分地融入到茄子里面。

紫菜酱在所有的日式料理店里面都可以买得到，就算是找不到紫菜酱的话，也可以拿橄榄菜来代替，颜色和口感都差不多，而且风味也很独特。

接下来我们要把这样的一个烤盘放到已经预热的烤箱里面，热气袭人啊。

我们把白芝麻炒香，因为芝麻很容易被炒糊，一旦被炒糊，它的香味就会变成苦味了，一点也不好吃，所以我们应该把它平摊在平底锅里面。然后用小火一点一点去烤它，当感觉到有两三颗芝麻“嘣”一下蹦开来的时候，基本上就可以关火了，然后让锅的余温把芝麻焗熟。

空气当中弥漫着烧茄子的味道，而且还有一种特殊的紫菜香。说时迟那时快，已经烤好了，在经过高温烤制之后，我们的茄子颜色已经完全不是那么回事了。

快看，虽然说它的颜色完全地变了，但是味道也不一样了，之前的生茄子会有一点点苦涩的味道，现在闻起来完全都是非常非常醇厚的香味。为了方便大家手拿着这个竹签，我建议我们给它裹上一层薄薄的锡纸，看上去也还好看很多。最后我们撒上一点点的芝麻，这样一个非常特别的茄子串烧就完成了。

这就是我奉献给大家的串烧茄子，配以非常浓厚的紫菜酱。根据英国的科学家研究表明，长期吃素的人和长期吃荤的人，性格会有很大的不一样。

吃素的脾气就会比较温顺一些，而吃荤的就会相对来说比较暴躁一些，当然也有一些化解的办法。比如说你要吃肉吃多了，应该通过运动来释放身体里积聚的能量和毒素，像我这样好脾气的人一定是饮食很均衡的。

蒸蒸日上
粉蒸三样

这三个菜都是有异曲同工的地方，全部都是用蒸的，当然了，也可以借着这个好意头“蒸蒸日上”。祝愿你不管是工作、事业，还是感情都能够蒸蒸日上。

粉蒸三样，包括了粉蒸牛肉、粉蒸山药和粉蒸藜蒿这三款蒸菜。米粉的香糯口感分别与黄牛肉、山药与藜蒿搭配，荤素皆宜，总有一款成为您的最爱。烹制这三道菜的蒸制材料也相当简单，粉蒸牛肉只需要一块黄牛肉；而粉蒸山药呢，除了要山药之外，就需要一点豆瓣酱来调味；粉蒸藜蒿就只需要新鲜藜蒿与一些五花肉。当然，制作这三道粉蒸菜都需要米粉，那才能称为“粉蒸”。

米粉通常有三种，除了原味的，就是看到这种加了香料的，那我知道还有一种米粉是红通通的，其实里面只是加入了一些腐乳汁儿。那种米粉也很好吃。捧着一盘绿色的藜蒿就像捧着一盘春天一样，藜蒿在阳春三月的时候最丰富，盛产。说到藜蒿，我不知道北方的朋友对它了不了解，如果有机会在市场上看到的话，不妨买回去尝一尝。藜蒿有很多的做法，除了可以炒腊肉之外呢，其实素炒也是很好吃的，而且，就像今天我们拿米粉蒸也很好吃。藜蒿的味道闻起来会有一点点像芹菜，又有一点点像菊花，总之令人神清气爽，很清新的味道。看上去很普通的食材马上会变成神来之笔，那么这个关键之处在哪里呢？我可以把秘密告诉你，那就是蒸制这三样菜的时候，都要拌一点猪油。

⊙所需食材：

米粉、黄牛肉、山药、藜蒿、豆瓣酱、五花肉

我们把五花肉切成丁，把切好的猪油放在锅里面，用小小的火和无比的耐心把它炼成香香的猪油渣，猪油渣待会儿也是有用的。当猪油渣变成金黄色，就可以把它捞出来了。这就是我们要使蒸菜变得好吃的关键，用香喷喷的猪油渣。好啦！接下来时间呢，我们可以正式开始了，首先我们要把山药切成块。

山药

山药也叫淮山，山药当中含有的蛋白质对人体非常的好，对肾脏很有好处。除此之外还可以降低胆固醇，所以经常吃山药，能够明目同时也会使精神变得更加的好。用山药混在米饭里面做成杂粮吃，是很好的一种选择。

山药虽好，可是在刮它的皮之前，我一定要提醒你做几件事情，要不就是戴手套，要不就把山药放在开水里面煮一下之后再给它刮皮或者是切块，还有就是把手上涂上油。这一切预防工作，都是为了防止山药里面那种黏黏

的东西含有的那种植物碱会导致皮肤非常刺痒。其实这个道理跟芋头也是一样的，如果你常常在厨房里面做家务，你就会知道，不管是山药还是芋头，如果是徒手去剥皮刮皮的话，碰到里面的植物碱就会非常痒。那万一你忘记了怎么办？可以把手洗干净之后，抹上一点食用的醋，过一会儿就会不痒了。如果找不到醋的话呢，把手在火上烤一下，也有止痒的功效。

先蒸山药，因为山药蒸的时间还是蛮久的。所以我们把山药先拌一下。拌山药需要什么东西呢？火烧开，大火里蒸。然后我们要用一点点高级的米粉，两匙，一点点的鸡粉、豆瓣酱，最关键的东西来了！神奇的猪油淋上一勺。好香呀！因为这个山药本身是没有什么味道的，所以我们在调的时候呢，味道可以稍稍重一些。所以我放了豆瓣酱、米粉、鸡粉，现在我们把它放到锅里去蒸喽！山药大概需要蒸10

到15分钟的时间。接下来的时间，我们就开始拌牛肉。

把牛肉切成块，拌牛肉所需要的会有一点不一样。要一点点料酒，同样需要一点点的姜丝、豆瓣酱，姜丝和豆瓣酱多给一点，味道浓一些，同样也要加上米粉，当然不可以少的也是一勺猪油。把它充分地拌匀，我们把牛肉放到小碗里面去，因为牛肉本身会出一点点的汁儿，所以我们拿的是一个小碗蒸。哇！看起来好诱人的呢，一小碗热气腾腾的粉蒸牛肉，它多么的下饭啊。这个时候山药已经蒸好了！把它请出来，接下来要请进去的呢，就是好吃的粉蒸牛肉。大概蒸的时间是半个小时。

看完了粉蒸牛肉与粉蒸山药的制作，大家已经知道，这两道菜虽然使用的材料不一样，但是制作方法都非常相似。都是用米粉、猪油来完成粉蒸这一做法。而最后的粉蒸藜蒿也是这样，只需要把米粉、猪油拌入藜蒿里，加入点猪油渣，然后放入蒸锅里蒸5分钟就可以了。学会了这种粉蒸的方法，大家大可以选择自己喜欢的材料来烹制出美味的粉蒸菜。

5分钟之后，哇！一时一刻也不能耽搁啊，这是恰到好处的时间。粉蒸三样之粉蒸藜蒿隆重登场了，当然我们最后还要撒上一些猪油渣，一定要就着猪油渣吃才好吃的。这可是我的心得体会噢！

好隆重的粉蒸三样送给大家，再重复一遍我的祝福，希望你的事业、生活、爱情蒸蒸日上节节高。

暖洋洋的
生姜红糖水

在秋季气候干燥时吃一点姜可以起到温补的功效，此时的子姜洁白如玉，鲜嫩多汁，生姜红糖水可以驱走体内的寒气，有效地预防和舒缓感冒症状，如果不小心受了点儿风寒，喝上一碗热气腾腾的生姜红糖水，身体暖了，心里也变得暖洋洋了。

不同年纪的姜，分为嫩姜和老姜。如何判断是嫩姜还是老姜呢？其实很简单，就跟人一样，看上去比较干一点，粗糙一点的就是老姜，这个洁白如玉皮肤嫩滑多汁的就是嫩姜。

秋季是老姜的收获期，其实也是嫩姜的盛产期，其实一年四季都可以吃姜的，我们都知道姜可以治疗感冒，当有一点风寒的时候，可以煮一碗姜糖水喝，还有就是它可以刺激肠道的蠕动，起到一个很好的清理排毒的作用，还有姜本身就有一个很好的去除风湿的效果。

如果说早上起来的时候觉得手指关节有一点点的僵硬，而且很容易有浑身有点儿肿胀的感觉，医生判断你是有一点点风湿的话，其实多喝一点姜糖水是很有帮助和好处的，而且它有一个很棒的作用，跟大蒜有点儿类似的，就是它可以稀释血液，如果说血液的浓稠度太黏了，每天服用五克的姜，就能够起到很好的稀释血液的作用，在这一点上它跟蒜很相似，但是它又不会像蒜吃完之后浑身蒜味，所以姜真的是人类的好朋友。

如果说觉得胃里面常常凉凉的，而且偶尔受了一点点风寒，淋点儿小雨，或者在冷气房里面待得时间太久了，这个时候建议你没事儿就喝一点红糖姜水，加两颗红枣，又补中气，又补血。

将老姜切片，不用去皮，切薄一点就比较容易把姜味爆出来，这个姜本身要在锅里面先微微地煸一下再煮水，效果就会更好。然后加一点水，把提前泡过的红枣加两颗。

耐心地煮大概二十分钟的时间，我们看到各方面都已经舒展开来了，就可以吃了。现在半个小时之后把红糖加进去，马上就不一样了，一片老姜，两颗红枣。一碗热气腾腾的生姜红糖水就煮好了。

方法是不是很简单呢？首先在锅里煸生姜片，加入水和几粒红枣后，煮三十分钟，最后用红糖调味，一碗滋补的生姜红糖水就煮好了。

“感性”草菇汤

人大体上可以分为两种：感性的和理性的，感性的人为了心中之美可以不顾一切，理性的人不管是做什么事情，都一定要按照自己内心的原则和逻辑去做，其实菜也是一样，也可以分成感性和理性的，当然那要取决于厨师的性格。

如果是一个比较感性的菜，不管是食材的搭配，还是作料的搭配，都比较随性而来、随心所欲；那理性的菜，就要一丝不苟，按照程序去做，不管是分量还是食材、时间，都必须严格遵照这个程序做，否则就会出乱子。

这里我们要介绍一道相对来说是比较感性一点的汤，叫鹌鹑蛋首乌熟地草菇汤，所有的材料也在名字里。

这一味汤很厉害，因为它有两味中药在里面，一个是何首乌，一个是熟地，看上去都是黑不溜秋的，但是他们却有共同的功效，就是补血。

先说熟地，它是一味中药，蒸熟之后，就变成了熟地，它最大的功效便是可以补血；而何首乌我相信有很多的朋友都对它不会陌生，即便不了解它作为中药的药性，但是一定在鲁迅先生的《从百草园到三味书屋》里读到过何首乌，对不对？

他说何首乌有臃肿的根，有人说何首乌有像人形的，于是鲁迅先生小时候常常会在泥墙边把它拔起来，弄坏了泥墙，可是却没有找到一块像人形的，因为他想吃像人形的，便可以成仙。说到这个何首乌吃到了并不可以成仙，但是实际上它却有很好的一个养颜和乌发的效果，首乌首乌，头发变黑。

⊙所需食材：鹌鹑蛋、首乌、熟地、草菇、小白菜

把何首乌和熟地放在水里面，煮出首乌熟地汁，然后用首乌熟地汁再去煮草菇和鹌鹑蛋。我们把草菇处理一下，因为这是一道很精细的菜，所以草菇只是用里面的心儿，会更加香一些。平常炒菜的时候可以连皮一起炒的，千万不要把皮扔掉。

接下来的时间，我们来看看把火关掉之后，这个熟地和何首乌的汁已经是煮好了，颜色果真已经煮成了药材的颜色。而且空气中弥漫的都是一种中药的味道，一闻就感觉很补，好像闻几下身体就会变好一样。熟地首乌汁，舀出来，里面放上鹌鹑蛋，再放上小草菇，摆上几颗枸杞。

我们加上一点点的盐调味就好了，就要一点点，其他什么也不用加，然后我们希望它能够保证元气不流失，盖上小盅，然后放在锅里面去隔水炖上30分钟。就是非常营养兼滋补的一道药膳的汤，很适合在冬天的时候喝，而且也很适合常常喝。

好，看看这边的汤，在30分钟之后果不其然已经是大功告成了，30分钟之后，我们往里面加入了一棵白菜，看上去好漂亮、好营养、好高级的一道汤，很滋补，送给大家。这就是鹌鹑蛋首乌熟地汤，很滋补的一道药膳，为了保证它的滋味鲜美，我决定先把它盖上盖子让它保温，很香很香的。

甜美
龙眼杏仁炖水梨

说到“美女私房菜”这个节目，最近有一些朋友跟我打电话反映同时也在网络上有反映，甚至见到面也跟我说：“喂？你们的节目真的有点难哪！我看了那个节目之后，菜是挺新颖没错，很好吃，可是不知道为什么，看到一半之后，没有信心了，因为真的是太难了，根本就做不下去。”气死我了，怎么会呢？

我们的菜每次都是非常简单，只要你耐心地看完它，按照步骤就做，一定不会出错，而且会非常好吃，是那种品质有保证的好吃。

当然了，如果你真的觉得很难的话，也没有关系，要做简单的菜还不容易嘛，比如说今天我们教大家炖的一个糖水，就非常非常的容易，容易到什么程度呢？容易到连他们、他们都会做，他们、他们到底是谁？当然是我们一些根本就不下厨的同事了。

⊙所需食材：

水梨、麦冬、冰糖、龙眼、纱布、蒲公英、杏仁露

首先让我们把水梨这个表皮切掉一点，这个小盖子留着，然后我们把这个核儿去掉，梨放在边上备用。

接下来的时间，我们要准备一下的是蒲公英，同时还要放一些麦冬，把它打一个小结儿。平时，其实麦冬多喝一些，对嗓子也很有好处，经常会有一些朋友嗓子不好，麦门冬还有这个胖大海，再加上一点点的菊花茶放在一起泡水喝，不但是可以明目、清热解毒，而且也能够安神，喝完之后，你整天这样笑嘻嘻的。

把蒲公英和麦冬放到锅里面，加水，不用太多，因为我们需要煮得稍微浓些，开火，待会儿我们只是需要这个汁而已，所以我们现在可以把盖子盖上，等水开之后，再用大火煮个五分钟左右就可以了。

蒲公英和麦冬包好，大火煮5分钟。

大概5到10分钟之后呢，我们把已经煮好的药包拿出来，剩下来的这个药水端到一旁备用，整个厨房都弥漫着一种淡淡的药草香，而且这种药草香不是那种非常浓郁刺鼻的药味，而是那种淡淡的草药的清香。

接下来的时间，我们要把这个梨子，放到一个美丽的小碗里，同时加一点桂圆肉，同时再放两块冰糖，看你自己喜不喜欢吃甜的，如果喜欢可以多放一点冰糖、桂圆肉，我就喜欢放得满满的。

下面我们要把已经炖出来的草药水，倒到梨子的小碗里。好，这个时候，再盖上小盖子，把杏仁露拿过来，倒在边上，不要太多，把这样的一个碗放到刚才我们已经预热了的蒸锅里，隔水蒸半个小时，盖上盖子。

水梨盅放入锅内隔水蒸半个小时。

好有营养、好甜美的一道补品，杏仁露雪梨，然后里面还有银耳，还有麦冬、蒲公英熬出来的汁炖的桂圆肉，天哪！想着就很好吃。

咸香可口的
红米炒饭

这道红米炒饭不同于一般的炒饭，它不但是以天然的红糙米为主原料，其中还能吃到爽脆的芥兰丁和香糯的芋头粒，而用美味的咸蛋黄来调味，口感实而带沙，滋味自然是妙不可言。

强调一下这道炒饭有一个显著的功效，就是它可以很有效地帮你驱走疲劳的感觉。因为我们所用到两个材料都有很显著的抗疲劳元素在里面。首先就是很隆重要推出的红米——红色的糙米，这个红米当中含有非常非常多的维生素B和铁质，这两样东西可以驱走你那种疲劳的感觉。常常吃白米，也就是我们看到的那种精米，

细加工的那种精米，会有疲倦的感觉。因为它很多很多的营养，都在加工的过程当中，以及在煮制的过程当中给流失或者是消耗掉了。但是红米却不会，这种红色糙米，帮助红军当年走完了长征的25000里路。所以说它真的是对人很有帮助的一种食物。

芥兰当中含有一种很丰富的物质，这个名词还蛮专业的，叫硫代葡萄糖甘。这种物质在芥兰里是非常非常的丰富，而且它被誉为到目前在所有蔬菜当中被发现的最能够有效地预防癌症的一种物质。也就是说芥兰是可以防癌的，而且味道也还蛮不错，有点微微的苦，感觉非常的清爽。

除了芥兰，还有什么特别的材料呢？我们有咸蛋黄、鲜虾、腊肠、芋头和鸡蛋。用这样的一些丰富的食材放在一起炒炒炒，炒出一道很好吃的炒饭。在炒饭里边加芋头这一点，是前两天我在香港很有名的一家餐厅——阿一鲍鱼里面吃到他们传统的阿一炒饭，我在里面尝到了芋头。我很少在吃炒饭的时候吃到芋头，糯糯的、香香的，我突然发现原来在炒饭里面加上芋头，不但可以增加这个饭的口感——因为有米粒的感觉，还有芋头的糯，同时也非常非常的香，这倒是个不错的主意，于是我就偷师回来了。

首先要把米饭蒸一下。经常会有一些错误的观念，认为是米饭拿来炒就会用隔夜的米饭，以为这样炒出来就不会黏在一起。其实吃隔夜饭真的是很不健康，也不

⊙所需食材：

红糙米、芥兰、咸蛋黄、鲜虾、腊肠、芋头、鸡蛋

卫生的做法，现在生活条件这么好为什么还要吃隔夜饭呢？如果有需要的话，其实我们可以把米饭提前蒸出来，然后在冰箱里面放一个小时，这样它的水分就会被蒸发掉。这样炒出来的米饭也不会黏在一起，同时也是新鲜的米饭。记得不要煮，要用蒸的方式，这样炒出来的米饭，就会颗颗分明，非常的好吃。

拿一个蒸锅，把有营养的红米放到盘子里面隔水蒸熟，当然我们在盘子里面也要洒上一些水。接下来我们要把所有炒米饭所需要的辅助材料全部处理一下。首先是把芥兰切成芥兰丁。为什么我会选择用芥兰？因为本身它的颜色在加热之后，会变得非常碧绿，而且很有质感，因为它的这种组织很紧实。炒的时候，不会因为炒的时间久而变得软塌塌的，它还是会很脆。我记得苏东坡有一句诗是描写芥兰的——他真的是一个很逗的人，因为他在诗句里面常常用很通俗的语句去描写一些实物的质感，他说：“芥兰如菌蕈，脆美牙颊响。”也就是芥兰吃到嘴巴里的感觉有点像在吃香菇类的东西，不过嚼起来却是“嘎吱嘎吱”直响的，然后就听到牙床同时在咀嚼芥兰的声音。

然后把芋头也切成粒。切成小粒之后，芋头是很容易熟的，待会儿我们在油里头把它稍稍地煎一下就可以了，所以这个并不特别需要把它蒸熟之后再切。芋头只是为了增加口感，所以我们只是需要一点点而已。接下来我们是把咸蛋黄也蒸一下。我们来看看米饭，已经蒸得很漂亮了，粒颗分明。好炎，接下来就用这个火，把咸蛋黄蒸一下。腊肠切成丁。接下来再把虾剥壳，只要虾肉的部分，大概切一下跟芋头差不多大小。

把蒸熟的咸蛋黄捣碎，我们炒饭的时候加上一点点的咸蛋黄整个就完全不一样了。用橄榄油把所有的食材放在一起，先放比较难熟的芋头，然后用油轻轻煸炒一下，这样煸出来的芋头就会很香，同时糯糯的，还有点焦焦的感觉呢。

广东的炒饭讲究一个金裹银，银就是指炒饭的部分，米粒是银色的。外面裹着一层蛋黄就是金色的，它会把蛋黄直接打到炒饭里面，而不是先炒成蛋皮，这样每一颗米饭外面就会裹上一层脆脆的蛋叶，吃起来就是感觉外面是脆的，里面的饭是糯的。

可是我们今天不应该叫金裹银，因为我们里面的米饭是红色的。我们应该叫什么呢？大家动脑筋想一下，好漂亮对不对？又好看又好吃，加一点盐，一点点的糖。因为腊肠是咸的，芋头本身有点甜味，所以我们并不需要放太多的盐，当然我们也可以在里面撒上一些些的鸡粉。然后把所有的食材放到一边备用，倒上油之后把火温调小，我们需要一些温温的油，然后把咸蛋黄炒一下。炒到咸蛋黄起泡之后，我们就可以把它盛起来，把它直接加到打好的鸡蛋液里头。这样待会直接加到饭里面就可以了，咸蛋黄加鸡蛋炒出来的就会很香很脆。

加上油之后我们可以炒饭了。蒸好的米饭倒进去，这个时候我们就可以把咸蛋黄和鸡蛋倒进去了，有没有想出来该用什么形容？如果不是金包银的话，金包胭脂，太有创意了吧。为什么叫金包胭脂呢？因为这个米又叫胭脂米，红红的。所以不但名字好听又有营养，吃起来也好吃。真的是很完美的一个食材，接下来把我们所有的材料都倒进去。

好，炒好之后我们当然要找一个很漂亮的盘子把它装起来，哇，新鲜热辣好有营养，内容又丰富。最后我们再往上面放上一点点刚刚没有用完的咸蛋黄，告诉大家其实里边是有咸蛋黄的。

制作这道炒饭有两点要特别注意：第一使用的红米需要加少量的水蒸熟，可以让米粒颗颗分明；第二点不同于以前的用蛋液炒，而是蛋液中加入咸蛋黄，这样可以让炒饭的味道咸香可口。

MEINVSIFANGCAI 美女私房菜

图书在版编目（CIP）数据

美女私房菜／沈星著.—南京：江苏文艺出版社，
2009.6
ISBN 978-7-5399-3277-4

Ⅰ.美… Ⅱ.沈.. Ⅲ.女性—保健—菜谱 Ⅳ.TS972.164

中国版本图书馆CIP数据核字（2009）第099419号

书　　名 美女私房菜
著　　者 沈　星
责任编辑 刘　霁
特约编辑 蔡明菲
装帧设计 利　锐
责任监制 卞宁坚　江伟明
出版发行 凤凰出版传媒集团
　　　　 江苏文艺出版社 http://www.jswenyi.com
集团网址 凤凰出版传媒网 http://www.ppm.cn
排版印刷 北京京都六环印刷厂
经　　销 江苏省新华发行集团有限公司
开　　本 787×1092毫米 1/16
字　　数 80千字
印　　张 10
版　　次 2009年8月第1版，2009年8月第1次印刷
标准书号 ISBN 978-7-5399-3277-4
定　　价 26.00元